百酿成金

GOLD
in the
vineyards

GOLD IN THE VINEYARDS

ILLUSTRATED STORIES
OF THE WORLD'S MOST CELEBRATED
VINEYARDS

百酿成金

全球15家经典酒庄的
品牌故事

[阿根廷]劳拉·卡帝娜　著
李德美

中国轻工业出版社

★ 目录 ★

写书初衷

　　我的意大利祖父喜欢叫我"小老鼠（La Lauchita）"，因为我很好动。我的曾祖母妮卡西亚（Nicasia）很少不听我妈妈的话，但她依然愿意让我在午睡时间玩耍。我珍爱着妮卡西亚为多莉织的裙子。多莉是我的父母亲在布宜诺斯艾利斯市给我买的洋娃娃，她金发碧眼，有着迷人的粉色脸颊。多莉陪着我度过了在门多萨那些宁静的午后时光。

　　这本《百酿成金——全球15家经典酒庄的品牌故事》的雏形形成于我在阿根廷的童年时代。当时妮卡西亚告诉我："成年人可以，也应该要玩……"从那以后，我就没有停止过折腾。

　　在孩童时期，我是一个乐此不疲的读者，尽管我承认当自己在看一本书时，会首先关注它的插图和照片——我可真是太喜欢看图了。当我成为一个青少年时，插图默默地消失在我的书籍里，对我而言，这是莫大的失望。这就是为什么当我有了自己的孩子时，我会非常高兴地与孩子一起翻阅书本，让图片本身讲述故事。从那时起，我产生了创作一本插图书的灵感，就像我小时候喜欢的那些书一样——而这次，是关于葡萄酒。我相信，美酒和经典书籍一样，都能令人难忘。

　　从20世纪90年代起，我加入了父亲的行列，致力于酿造世界上最好的阿根廷葡萄酒。从那一刻起，我的生活分为行医和酿造阿根廷葡萄酒两大部分。那时候，阿根廷葡萄酒的发展很受关注——而我们的酿酒之旅在很多方面就像堂·吉诃德的经历一样，充满了风险和不确定性。在这几年里，我成为一位研究世界上伟大的葡萄园的学者，并意识到寻找一处特别的葡萄园，就像寻找黄金一样特别不容易。也正像狂热的淘金者一样，我们的酿酒师也怀揣着无限激情去寻觅最佳葡萄园。但最终，是运气和命运成为我们的指路之星。当踏入一座神奇的葡萄园时，我们就像发现了未被发现的黄金一样兴奋不已。

　　这本书的每个章节都由激情、个性以及葡萄园里的一块块特殊的卵石组成。这些因素赐予了一个个酿酒家族黄金般的财富。在中文版的书里，李德美教授和我特别加入了三个章节，专门介绍三座卓尔不群的中国酒庄。我们邀请你发挥想象力，手持一杯葡萄酒，跳读书中的插图至结尾，去欣赏葡萄酒和葡萄园历史上的每一个小小英雄主义。

劳拉·卡帝娜

Laura Catena

致我家族里的女性:

敬我的曾祖母妮卡西亚（Nicasia）
是她教会我如何玩耍和恋爱。

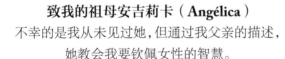

致我的祖母安吉莉卡（Angélica）
不幸的是我从未见过她，但通过我父亲的描述，
她教会我要钦佩女性的智慧。

致我的外祖母阿西西塔（La Acicita）
是她鼓励我写诗和无惧冒险。

致我的母亲埃琳娜（Elena）
她（不顾我父亲的忌惮）让我在 14 岁时独
自去巴黎旅行，学习法语和艺术史。

致我的妹妹阿德里安娜（Adrianna）
她是牛津大学的毕业生，历史学博士，我
为她感到骄傲！她告诉我历史就是数百万
个个人账户的总和。

致尼可拉（Nicola）
我的女儿，不知疲倦的玩伴。

致我的婆婆妮娜，我的侄女、姨母和嫂子
在我进行一段疯狂而异想天开的旅程中，她
们给予我无限的爱，且从未要求我回报。

CHÂTEAU LAFITE ROTHSCHILD

拉菲·罗斯柴尔德酒庄

首屈一指
酒庄之冠

国王的美酒

"年青是充满任何可能性的时期。"

安布罗斯·比尔斯（Ambrose Bierce）

路易斯·巴斯德（Louis Pasteur）认为，与世界上所有书相比，葡萄酒能涵盖更多的智慧。黎塞留元帅（Maréchal de Richelieu）则坚定地认为，葡萄酒是让人永恒年轻的秘密。当然，不是所有葡萄酒都具有这种品质。对于黎塞留元帅而言，答案只有一个——拉菲古堡（Château Lafite）。

黎塞留有着诸多头衔，以至于当他回到法国的时候，消息传到了法国和纳瓦拉国王路易十五耳中。国王还专门为此对这位不简单的黎塞留进行了研究。国王惊讶地发现：这位59岁的元帅竟焕发着年轻人的青春活力！于是，拉菲这剂"青春永驻药"便成为路易十五宫廷内部的"官方指定酒"，并取代了一向供应皇室的勃艮第及香槟地区的葡萄酒。不仅如此，拉菲古堡的巨大成功还体现在蓬帕杜侯爵夫人（Madame de Pompadour）每次举办的晚间沙龙中，都会以拉菲葡萄酒宴请宾客。

　　黎塞留元帅的判断也许是正确的：拉菲古堡每一杯葡萄酒液中，隐藏着让人"永恒年轻秘密"。在无数次腥风血雨的战场决斗后，在历经了欧洲爱恨交织之旅后，在每一次囚禁后，黎塞留元帅都表现出令世人称赞的勇气。而且，他一直保持着这种力量、清醒和活力，直到92岁。

　　拉菲古堡的名字来源于拉菲官波修道院院长（Gombaud de Lafite）。公元1234年，拉菲官波修道院院长首次踏上了这片土地；约一千年后，世人无人不谈论他以及他种植的葡萄藤。

　　17世纪，庄主雅克·德·塞古尔侯爵（Jacques de Ségur）让葡萄园声名鹊起，并成为后人熟知的"拉菲古堡"。慕名而来的伦敦贵族对拉菲古堡的品质进行了高度评价，并欣喜地为塞古尔侯爵的葡萄酒支付比波尔多其他产区更高的价格。

　　雅克的孙子尼古拉斯·亚历山大·德·塞古尔（Nicolas Alexandre de Ségur）随后继承了拉菲古堡。他对自己的葡萄园信心满满，不仅将葡萄藤种植面积翻了一番，提升了管理水平，还在国外乃至国王的宫殿上推广自己的品牌！

　　这就不难理解为何尼古拉斯·亚历山大·德有着"葡萄酒王子"之称，而他的红葡萄酒也被奉为"国王的美酒"。

在1855列级的四个一级庄中，拉菲酒庄被许多人认为是"首屈一指、酒庄之冠"。

1868年8月8日，拉菲古堡的历史发生了永恒的改变。一位名声赫赫的银行家族的詹姆士·德·罗斯柴尔德男爵（Baron James de Rothschild）收购了该产业，并将其更名为具有历史意义的"拉菲·罗斯柴尔德古堡"。

二十世纪有着诸多不顺——包括第一次世界大战和20世纪30年代的金融危机，该地区造成了严重影响。许多葡萄园不仅被迫降低运营成本，更缩小了葡萄藤的种植面积。罗斯柴尔德家族决定将精力集中在仅有的55公顷葡萄园上。

在"二战"时期，所有罗斯柴尔德家族的产业都被没收（当时由犹太家庭持有的产业都会被没收），拉菲古堡则被用作第三帝国军队的通讯基地。

1942年，经过巨大的外交努力，维希法国政府（Vichy）设法收回了该产业，并将其交回当时是战俘的酒庄继承人埃里·罗斯柴尔德（Elie Rothschild）手中。因受《日内瓦公约》的约束，罗斯柴尔德家族的财产得以被保全。

詹姆士·德·罗斯柴尔德男爵

> **"所有的精进都具有文化性。无论是
> 优质葡萄酒的生产还是建筑设计，都有其文化
> 乐趣。在这里，有酒庄，有里卡多·波菲尔
> （Ricardo Bofill），我感到莫大快乐。"**

埃里克·德·罗斯柴尔德男爵

比如，许多极其珍贵的葡萄酒仍在地下室里安全地储藏着，甚至有些自18世纪酿造的古老的葡萄酒，也在战争中逃过一劫。

1974年，埃里克·德·罗斯柴尔德（Eric de Rothschild）掌管了拉菲古堡，并为其注入了新的活力：他组建了一支领先世界水平的技术团队。此外，埃里克与加泰罗尼亚建筑师里卡多·波菲尔（Ricardo Bofill）还共同设计了该品牌颠覆性的圆形酒窖，最多可以容纳2200个酒桶。

埃里克对艺术和摄影充满热情，他还邀请了法国著名摄影师雅克·亨利·拉蒂格（Jacques Henri Lartigue）、欧文·佩恩（Irving Penn）、罗伯特·杜瓦诺（Robert Doisneau）和理查德·阿维顿（Richard Avedon）等拍摄酒庄和葡萄园，让这些美好的影像与他挚爱的拉菲·罗斯柴尔德酒庄永远在一起。

优雅与平衡

拉菲·罗斯柴尔德古堡土壤结构为砾石和黏土，底土为石灰岩，日照充足，排水性能优越。

拉菲·罗斯柴尔德酒庄的葡萄园约占112公顷，平均每公顷种植9500株葡萄藤。每次收成约16000箱葡萄酒。

在葡萄采收期间，并非所有葡萄都在其最成熟的阶段摘取。葡萄酒寻求的是不同维度之间的平衡。这样做的目的是获得独特的质地、可感知的新鲜度和无与伦比的复杂性。

陈年：18～20个月。

酒桶类型：100%新法国橡木桶。

在采收期间，葡萄采摘仅需10天，共近450名人员全程参与收成工作。

对于拉菲·罗斯柴尔德古堡的技术总监埃里克·科勒（Eric Kohler）而言，除了精确选择理想的收获季节之外，人力是呵护每座葡萄园和每个地块的关键。

一瓶1787年的
拉菲古堡 葡萄酒
售出历史性高价：
16万美元

拉菲古堡邀请了
包括理查德·阿维顿
（**Richard Avedon**）
在内的世界顶级摄影大师
参与酒庄拍摄，
记录永垂不朽的拉菲古堡。

自17世纪以来，

仅**3**个
家 族

拥有过拉菲酒庄：
塞古尔家族、
范莱尔贝格家族
和**罗斯柴尔德**家族。

世界最具影响力的
葡萄酒评论家
罗伯特·帕克

为

打出了完美评分
100分!

1953
1982
1986
1996

2003 2000
年拉菲葡萄酒

在法国加斯科尼方言中
"LAFITE" 的意思是
"小山丘"

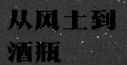

从风土到
酒瓶

*葡萄园位于
法国波尔多·波雅克产区*

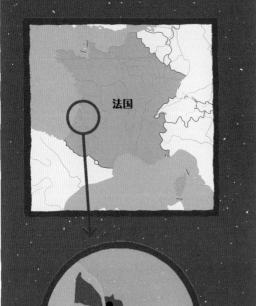

法国

波雅克

波尔多

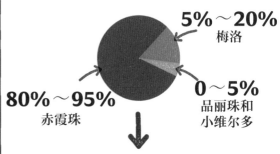

混酿的葡萄品种

5%～20% 梅洛

80%～95%
赤霞珠

0～5%
品丽珠和
小维尔多

老藤葡萄酒

　　拉菲古堡的葡萄藤平均年龄为 39 岁，
而拉菲古堡的一级庄葡萄藤的平均年
龄高达 45 岁，这是因为低于 10 年的
葡萄藤不能用于生产一级庄葡萄酒。

{ 目前拉菲古堡葡萄
年龄最高的地块为
"采石场"（La Gravière），
栽种于1886年。 }

葡萄园包括三个主要区域：古堡周围的丘陵（Château）、古堡西面的卡鲁德斯高原（Carruades）以及附近的占地4.5公顷的圣埃斯泰夫村（Saint Estèphe）。

凯拉瓦葡萄园

北

圣埃斯泰夫村

波亚克村

城堡

安瑟兰

拉菲·罗斯柴尔德古堡

米隆

默塞

木桐－罗斯柴尔德古堡

鲁贝约

杜哈米隆古堡

卡鲁德斯葡萄园

750m

通往波亚克

拉布雅乐

庞特卡内古堡

占地面积：

112公顷

（每个地块收成的葡萄分别贮存于不同容器进行初期酿造，以保存原始风味。）

70%
赤霞珠

25%
梅洛

3%
品丽珠

2%
小维尔多

索拉雅酒庄
最长时光
世代相传

托斯卡纳的激情

**"这美酒让我沉醉，最野生的葡萄酒，
能使最聪明的人，用尽全力地高歌，
像傻瓜一样大笑，尽情地翩翩起舞，
甚至诱使他说出，从未说出的故事。"**

荷马史诗《奥德赛》

  在托斯卡纳的传说中，世界上最著名的意大利葡萄酒生产商安东尼家族（Antinori family）的起源可以追溯到特洛伊时代，即公元前1000多年。当时，特洛伊宫廷里有一位普里阿摩斯国王（King Priam）的杰出顾问，他叫安东尼（Antenor）。他反对特洛伊与希腊侵略者开战。

  对这段历史，罗马诗人维尔吉利奥（Virgilio）补充道：当年在特洛伊城市沦陷后，安东尼逃亡到意大利并存活了下来。在那里，他建立了帕多瓦城（Padua）。

　　如果这一切为真，那么安东尼本人可能甚至没有预料到，他在一片新的土地开启了一个非凡家族的传奇故事：一个涉及战争、发明、发现、激情和征服的家族故事。他生产出了享誉几个世纪的精致芬芳和令人难忘的葡萄酒，甚至还创造出了大大小小的奇迹。或许，用欧洲人的话来说，这叫"文艺复兴"。

　　资料证实，公元前1183年，鲁奇奥·迪·安东尼（Rinuccio di Antinoro）在佛罗伦萨北部的贡比亚特城堡（Combiate）生产葡萄酒。不久，城堡被围困、摧毁，安东尼一家人逃离古堡和田园，搬到了佛罗伦萨城里。当时，佛罗伦萨可能是世界上最重要的文化中心。定居不久后，安东尼成为丝绸生产商组织（Arte della Seta）的一员。该组织对佛罗伦萨地区的经济发展至关重要。

随着时间推移，安东尼家族前后涉足丝绸业、银行业和政界，并逐步发展为伟大的企业家族。但他们从未放弃自己的主营业务：开发葡萄园、酿造葡萄酒。

不久后，安东尼家族加入了佛罗伦萨葡萄酒生产者协会（Society of Wine Producers of Florence）。从此，他们的命运与强大的美第奇（Medici）家族紧密地联系在一起。

除了美洲大陆的发现，文艺复兴也将是永远影响欧洲历史的事件。当时，安东尼家族在加卢佐（Galluzzo）生产了40桶葡萄酒，这40桶葡萄酒也是安东尼家族在佛罗伦萨南部的全部资产。在品尝后，美第奇家族对其大加赞赏。安东尼家族随即负责在当地运输和销售这些备受赞誉的葡萄酒。

1506年，由于家族企业的成功，尼可洛·安东尼（Niccolo Antinori）在佛罗伦萨大教堂旁、圣乔可摩教堂（San Giácomo）前买下了一座官殿。

阿卡里索·安东尼（*Accariso Antinori*）在佛罗伦萨成为丝绸生产商组织（*Arte della Seta*）的一员。

SETAS ANTINORI—席特斯·安东尼

安东尼宫

意大利画家卡拉瓦乔（Caravaggio）的《酒神》创作于1595年前后。这幅画目前存放在意大利佛罗伦萨乌菲齐美术馆（Uffizi Gallery）。

从那时起，这座建筑就被称为"安东尼宫"（Antinori Palace），成为家族企业的总部。

诗人弗朗西斯科·雷迪（Francesco Redi）是美第奇家族的私人酒评家，他作诗《托斯卡纳酒神》一首，并盛赞了安东尼的葡萄酒。安东尼的品牌声誉不断获得增长。

LEONOR DE TOLEDO

佩德罗·德·美第奇
在发现妻子伊莲诺
拉·德·托雷多（Leonor
de Toledo）和贝纳迪
诺·安东尼之间的情书后，
冷血地将她杀害。

"我所有的女儿都具备酿制葡萄酒 最必要的两个要素：智慧和激情。"

皮耶罗·安东尼

　　两个世纪后，由于国外（尤其是在英国）对葡萄酒的兴趣日益浓厚，托斯卡纳的葡萄种植活动再次得到蓬勃发展，安东尼家族也开始向世界各地出口葡萄酒。1850年，家族在托斯卡纳买下了47公顷的天娜葡萄园（Tignanello），它生产的葡萄酒迅速成为世界传奇。

　　经过26代人的传承，如今这座极富象征意义的酒庄由马奎斯·皮耶罗·安东尼侯爵（Marquis Piero Antinori）掌权。今天，酒庄跨越了托斯卡纳的边境，并由家族的三个女儿阿尔比拉（Albiera）、阿莱格拉（Alegra）和阿莱西（Alessia）运营。这是第一代完全由女性组成的管理层。这座酒庄的神秘感也许始于3000多年前的一场战争、一匹巧妙的木马、一次长时间的流放和一串透亮的托斯卡纳葡萄。

26代传承

"在安东尼的高山上……跳跃着纯净而灵动的葡萄酒，它在酒杯里闪闪发光。"

17世纪诗人弗朗切斯科·雷迪（Francesco Redi）
对安东尼的葡萄酒赞不绝口

葡萄园位于经典基安蒂产区中心的20公顷地。

葡萄园位于海拔400米的山坡上，是该地区最高的地方之一。

葡萄园土壤为富含始新世和中新世地质时期石灰石的岩质土壤和海相壤土。

关于1997年的索拉雅酒，酒评家罗伯特·帕克评论道："如果有一款产自托斯卡纳的波雅克一级庄，那非索拉雅莫属！"

1184

鲁奇奥·迪·安东尼
开始在佛罗伦萨郊区
生产葡萄酒

1385

乔瓦尼·迪·皮耶罗·安东尼
加入
佛罗伦萨酿酒师协会

1506

尼可罗·安东尼
收购
安东尼宫

1510

安东尼家族通过皇室，
将葡萄酒卖给
当地贵族

安东尼家族史
{26 代}

1943

安东尼庄园
在二战期间遭受轰炸，
但安东尼家族
还是成功保留了一些葡萄酒

1970

天娜葡萄园进行第一次收成，
以桑娇维塞和波尔多品种
进行混酿，
造就了著名的
"超级托斯卡纳"混酿葡萄酒

1978

第一个索拉雅年份佳酿酒，
以赤霞珠为主的
"超级托斯卡纳"混酿诞生

1986

皮耶罗·安东尼
被评为
《醇鉴》年度人物

2000

1997年的索拉雅葡萄酒
被《葡萄酒观察家》评为
全球100款最佳葡萄酒

从风土到
酒瓶

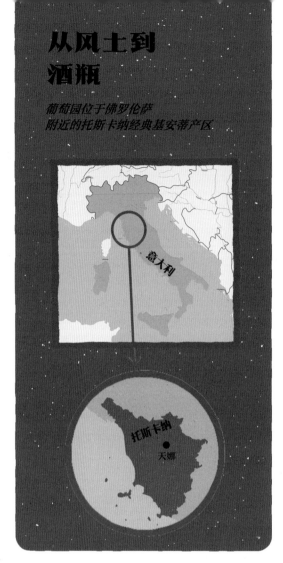

*葡萄园位于佛罗伦萨
附近的托斯卡纳经典基安蒂产区*

意大利

托斯卡纳

天娜

天娜葡萄园

（海拔：320 ~ 400米）

*20公顷
索拉雅葡萄酒*

*57公顷
天娜葡萄酒*

*37公顷
橄榄树*

自营橄榄油

混酿的葡萄品种

20%
桑娇维塞

5%
品丽珠

75%
赤霞珠

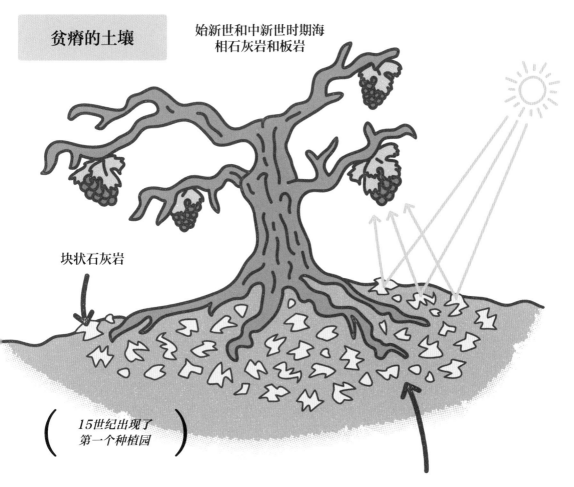

贫瘠的土壤

始新世和中新世时期海相石灰岩和板岩

块状石灰岩

（ 15世纪出现了
第一个种植园 ）

采用"安东尼法"获得单宁柔和的桑娇维赛（他们称之为"神经过敏的"葡萄） ⟹ 他们将石灰石磨成粉末，散布在每一个葡萄藤的主干上，以将阳光反射到葡萄上，软化单宁酸。

什么是"超级托斯卡纳"？

一种用产自托斯卡纳1970年的葡萄酿造的混酿葡萄酒。当时，酿酒师首次将当地的葡萄品种桑娇维塞与赤霞珠和梅洛等波尔多品种进行混酿。

{ 其他著名的"超级托斯卡纳"还包括天娜（Tignanello，也来自安东尼家族）、西施佳雅（Sassicaia）、马赛多（Masseto）、欧纳拉雅（Ornellaia）和乐迪加菲（Redigaffi）。 }

中外合作
相倚为强

"工欲善其事，必先利其器。"

孔子

北京，1997年。

在一次具有历史意义的电视演讲中，原法国总统希拉克（Jacques Chirac）宣布：中法两国签署《中法合作宣言》，鼓励法国公司到中国进行投资。

"是时候在中国和西方之间建立一种新的关系了，这是一种基于相互承认和尊重，共同坚持伟大普世价值观的新关系。"

清华大学和巴黎索邦
大学的交换生

　　不久后，中法两国的报纸头条纷纷宣传两国在技术、教育和核能方面的合作计划；一张中国购入崭新的法国飞机的照片也从侧面证实了这个亚洲大国对计划的遵守与承诺。

　　与此同时，在北京中心西北80千米处、距离八达岭长城15千米的河北，种植着中国古老的葡萄园之一——这片33公顷的处女之地也以自己的方式，开始着非同一般的合作。这个地方叫"中法庄园"（Domaine Franco Chinois），它是一座新型研究型酒庄，它的设立象征着中法两国永恒的互助互爱关系，也代表着两国历史悠久的农业传统。

"相对来说，马瑟兰是一个起点很高的品种，无论从种植还是酿造层面来看，它都能比较好地达到我们想要的基本目标。马瑟兰的可塑性也非常强，从清新到深邃，从柔美到严肃，可以呈现完全不同的风格。"

中法庄园首席酿酒师赵德升

1999年，在中国农业部和法国农业渔业部的监督下，一艘载有16种欧洲葡萄品种的船从波尔多出发，驶向河北怀来。其中包括赤霞珠、梅洛和小维尔多等经典法国品种，以及在1961年法国的研究机构赤霞珠和歌海娜杂交而成的马瑟兰（Marselan）品种。马瑟兰是一种较晚成熟的葡萄品种，具有良好的抗腐、抗白粉病和耐热性。法国专家一致得出结论：它非常适合种植于河北温暖的夏季气候。在成立之初的十年里，中法庄园为中国的酿酒师和技术人员提供了酿酒工艺和科学的培训基地。从葡萄藤到酿酒设备，全都是从法国引进的——酒庄的建筑也是由法国建筑师设计的。中国的酒庄倾向于向种植者购买葡萄，而法国的栽培哲学要求：酒庄应该从葡萄种植和酿制的方方面面进行把控。赵德升是一名中国优秀的酿酒学专业毕业生，他从波尔多深造后，回国成为中法庄园团队的一员。他的团队使命是通过实验和合作，创造出一款中国的优质葡萄酒。赵德升非常渴望向世人展示中国酿造世界一流的葡萄酒的潜力和实力，但他还需更多的耐心。有着一流的进口设备、精心挑选的葡萄藤和法国系统的酿酒知识，中法庄园在朝着商业化的方向大步前进。

*山泉水、井水和冰
川水分布于中国大
陆葡萄种植气候区
的中心地带。*

与此同时，中国台湾企业家王雪红（Cher Wang）正全情投身于电子革命之中，她的最终目的是打造在触屏手机、电脑以及虚拟现实领域的领先企业。让王雪红女士没有想到的是，她有一天会与中法庄园结缘，更没想到的是，数年后，她为中法庄园引入了先进的葡萄园精准种植技术。通过反复实验和多方协作，最终，中法庄园开创了中国特级庄的先河。

> **"葡萄酒是一种农产品，它反映了人们对这片土地以及在这片土地上劳作的人们的信任。我们在迦南和中法庄园的使命是酿造来自古老文明的优质葡萄酒，以回馈人民对传统农业的信任。我相信这应该是中国葡萄酒的使命。"**
>
> *中法庄园-迦南酒业CEO李韧*

王雪红女士同怀来葡萄酒结缘始于2006年建立的迦南酒业。王雪红女士在硅谷之都山景城（Mountain View）与数位加州科技企业家共进晚餐。餐桌上，他们点了一瓶精致的纳帕谷赤霞珠。她非常欣赏这款酒的口感和复杂度，于是问身边的朋友："中国有没有能与世界上最好的葡萄酒相媲美的酒呢?"她的问题引起了众人的沉默——没有人知道。她问中国的葡萄酒爱好者朋友，他们回答："我们都喝法国葡萄酒，因为那是最好的酒了。"于是，在中国建造酒庄酿出顶级葡萄酒的项目开始逐步成形。

王雪红女士和她的中国葡萄酒梦想

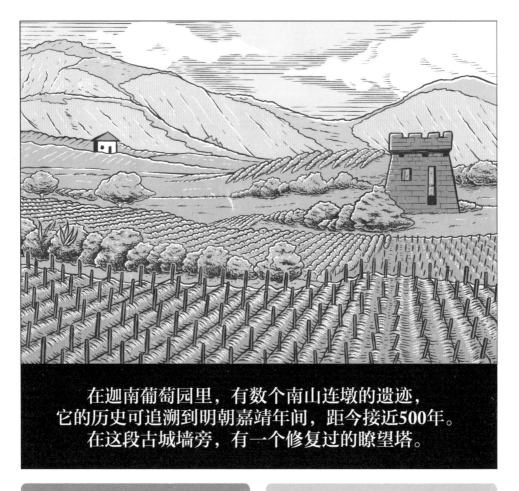

在迦南葡萄园里，有数个南山连墩的遗迹，
它的历史可追溯到明朝嘉靖年间，距今接近500年。
在这段古城墙旁，有一个修复过的瞭望塔。

中法庄园风土

海拔：500米
土壤类型：砂土和壤土
葡萄藤栽种密度：每公顷4000株

关注生态保护的可持续农业：
种植覆盖作物，防止水土流失。

在酒庄，发酵后的皮、种子和梗被制成堆肥，
此外收集雨水，以备将来使用。

　　王雪红女士对未来有着清晰的规划：用最好的葡萄园里生长出的最好的葡萄酿造最好的葡萄酒。王女士聘请了一支由15名美国专家组成的超级团队，他们分别是土壤、酿酒、气候和葡萄栽培方面的资深专家，并由加利福尼亚葡萄种植专家吉姆·尼文（Jim Niven）领导。很快，这位加利福尼亚本地人发现，中国的冬天非常寒冷，如果要做好本地化酿酒，必须还要请来自炎热地区以外的专家提供相关知识。此外，普渡大学的农林业团队以及明尼苏达大学的葡萄种植专家在研究中国各地的温度数据后发现，大自然赋予了河北省怀来县完美的酿酒条件——大陆性气候和冲积土质，这种条件非常适合葡萄生长。这也就不难解释为何河北省一直是中国葡萄栽培历史悠久的产区之一了。在历经几年的研究之后，酒庄落户怀来。

　　王雪红女士将她的新葡萄酒项目命名为迦南（Canaan），2009年，迦南酒业与中法庄园成为邻居。一年后，中法庄园并入迦南酒业集团，从此两家酒庄结为姐妹酒庄。

　　迦南酒业采用卫星定位技术收集数据绘制葡萄园地块图。酒庄团队挖开土坑，充分了解土壤的层次和质地，对土壤矿物质含量和肥力进行化学分析和详细记录。酒庄还秉持可持续发展的耕作理念，如使用葡萄藤插枝和堆肥腐渣覆盖作物，使有机物质返回土壤。为了避免葡萄园遭受狂风侵袭，以及为鸟类、蜜蜂和野生动物提供栖息地，酒庄内的一些土地保留了原始状态，原生植被和树木均完好无损。与此同时，酒庄还在葡萄园的周围种植了不同种类的树木作为天然防风带——松树、柏树和杨树。

　　迦南酒业使用先进的滴灌系统取代传统农业的漫灌：锁水效果佳，只需消耗必要的水即可达到理想的灌溉效果——这是精准培育高质量葡萄的重要方式。

　　而另一个挑战则是埋藤。传统埋藤的做法是在秋天把葡萄藤推倒，覆盖上泥土。这样做的后果是，葡萄藤大幅受损，且葡萄园寿命短。美国中西部专家则建议将葡萄按特定角度种植，这是一种更为温和的体系，能有效避免葡萄受损，且在收获前葡萄还能在藤上停留更长时间。

2014年，中法庄园珍藏马瑟兰干红2011在《RVF 法国葡萄酒评论》举办的中国葡萄酒大赛上夺得金奖，马瑟兰也被评为当年的"年度品种"。受人尊敬的英国葡萄酒专家简茜丝·罗宾逊（Jancis Robinson）在品鉴笔记中写道："2012年的中法庄园马瑟兰葡萄酒有着天鹅绒般光滑的口感，单宁圆润而华丽。"关于2016年的酒，她写道："真正的活力和生命力，平衡度优秀，酒体充满活力，在明亮中带有一丝茶叶的味道。具有很高陈年潜力。"

中法庄园是一个旧世界和新世界葡萄酒的交汇点：它受古老的法国酿酒传统启发，并遵循着新世界的精密葡萄栽培原则。那这就引出一个问题：中国葡萄酒到底是旧世界还是新世界葡萄酒？

中国酿酒史最早可追溯到新石器时代（大约公元前7000年）。公元前119年，欧亚葡萄品种酿制的葡萄酒作为硬通货，经丝绸之路传入中国，成为汉武帝时期的国防预算，也为罗马帝国提供了资金支持。登上迦南酒业葡萄园内的明长城烽火台，任何人都会不禁畅想中国精品葡萄酒的历史与值得期许的未来。

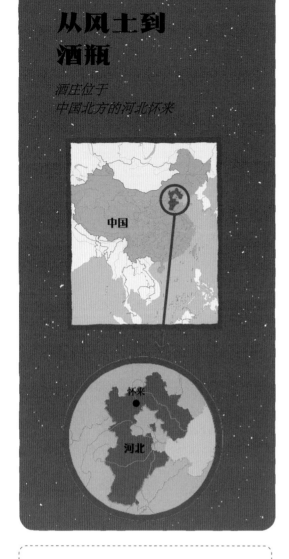

从风土到酒瓶

酒庄位于
中国北方的河北怀来

中国

怀来

河北

100 %
马瑟兰

DOMAINE
FRANCO CHINOIS
中法庄园
2014
RESERVE MARSELAN

1961 年，马瑟兰诞生于法国研究机构，它是由赤霞珠和歌海娜结合培育而成的品种。它成熟较晚，具有良好的抗腐性、抗白粉病和耐热性，法国酿酒顾问指出，它非常适合在温暖的河北夏季里生长。而今天，中国马瑟兰甚至比法国马瑟兰更知名。

由本地植被以及松树、柏树和杨树组成的
防风林保护葡萄园免受大风侵袭，
并为以葡萄藤为主的生态系统提供鸟类栖息地。

CHÂTEAU D'YQUEM

滴金酒庄

贵腐一滴
人间数载

黄昏时分，弗朗索瓦兹·约瑟芬·萨万格·伊甘夫人光着脚，颤抖着身体，双手交叉放在胸前。她轻轻地闭上眼睛，想象着她那熠熠生辉的葡萄园。

美国总统的葡萄酒

"葡萄酒是我生活中的必需品。"

托马斯·杰斐逊

　　1793年，年仅23岁的约瑟芬（Josephine）被关进一间潮湿黑暗的牢房，关押的理由仅是因为她法国贵族的身份。她非常确定自己只有一条路可走：面对断头台。

　　约瑟芬在牢房里紧紧抱住了自己，她想起儿时天伦之乐的画面，在那里有她的父母、家乡的土地以及芬芳四溢的葡萄园。在噤若寒蝉的夜晚，这些画面变成一张柔软的毯子，将她永远拥入怀中。

　　时间回到4年前。在1789年那个寒冷的冬天，法国大革命一发不可收拾。在接下来的两年里，近3000人被送上巴黎断头台，包括玛歌酒庄和拉菲古堡的庄主、国王路易十六、王后玛丽·安托瓦内特，以及革命的超凡领袖罗伯斯庇尔本人。

拿破仑三世于1855年宣布滴金酒庄为法国唯一的"超一级酒庄"。

像约瑟芬这样的年轻女子——17岁就成了孤儿，婚后不久又成了寡妇，怎么可能想象得出自己的救赎之路呢？可敏感脆弱的她只能孤军奋战，而这条路注定不简单。

这位不凡的弗朗索瓦兹·约瑟芬·萨万格·伊甘夫人（Françoise Josephine de Sauvage d'Yquem）凭借自己对葡萄园的卓越管理才能和罕见的创新能力，使葡萄园获得了空前的发展。她本人也再活了60年。

仿佛是上天要对伊甘夫人的努力做出肯定，在她逝世后三年，应拿破仑三世的要求，1855年世界博览会首次公布波尔多葡萄酒官方分级体系。其中，"滴金酒庄"（Château d'Yquem）被列为法国唯一的"超一级酒庄"（Premier Cru Supérieur）。

在19世纪，约瑟芬的后代沿袭了她高瞻远瞩的管理思想，葡萄园的名气与日俱增，并成为世界上最负盛名的葡萄园之一。

*法国路易十五和维多利亚年轻的
教子路易斯·阿米蒂·路-萨鲁斯
（Louis-Amédée de Lur-Saluces）
在和约瑟芬结婚不久后，不幸坠马逝世。*

阿尔诺购买了滴金酒庄的股份后，
路威酩轩集团的一名代表来到了滴金酒庄，
亚历山大告诉他："滴金酒庄是非卖品。"

1968年，尤金（Eugène）和亚历山大·路-萨鲁斯（Alexandre de Lur-Saluces）兄弟继承了伊甘夫人的部分遗产。然而，相比之下年纪更轻的亚历山大只获得了很小比例的土地。

尽管亚历山大的土地占比小，但他以杰出的管理才能使葡萄园在几次自然灾害和严峻的财务危机下都得以保全。

1980年，随着品牌力量日益壮大，亚历山大决定拿出所有利润，进行重新投资，并拒绝向尤金和其他家族成员分配股息。在家族成员面临着史无前例的利益冲突时，他们开始为这块最有价值的资产寻找合适的买家。

当时，路威酩轩集团（LVMH，包括迪奥、纪梵希、路易·威登、轩尼诗、酩悦、凯歌和宝格丽等众多品牌的所有者）世界顶级奢侈品企业家伯纳德·阿尔诺(Bernard Arnault)，获得了一个几乎无法想象的独特机会——收购滴金酒庄及其葡萄园。

**滴金酒庄是
非卖品!**

*亚历山大・路-萨鲁斯
拒绝出售酒庄。*

　　伊甘夫人的继承人之间的分歧越来越大。报道称,在这场纠纷中,恼羞成怒的亚历山大斥巨资聘请精神分析师和律师。他与伯纳德・阿尔诺(Bernard Arnault)之间的较量被法国人视为当代版的《大卫与歌利亚》(*David and Goliath*),在法国全境引起了极大关注,并成为法国报纸每日刊登的家庭闹剧。

　　经过数年没完没了的斗争,1999年亚历山大・路-萨鲁斯伯爵最终放弃了自己的一部分股权,出售给了伯纳德・阿尔诺,以换取继续担任酒庄管理者的条件。作为协议的一部分,亚历山大提出禁止伯纳德的亲戚进入滴金酒庄及其葡萄园的规定。

　　1999年4月,在一场近乎疯狂的残酷斗争之后,伯纳德和亚历山大终于达成协议,以一瓶1899年的滴金酒庄葡萄酒祝福了本次出售。此后,亚历山大一直担任滴金酒庄的管理者,直至2004年退休。

2011年，一瓶1811年份的滴金葡萄酒在丽兹酒店（Ritz Hotel）以

11.7 万美元的高价售出，

成为<u>历史上价格最高的白葡萄酒</u>。

年均产量：

12万瓶
优质葡萄酒

一株
葡萄藤只出产
一杯葡萄酒

（大多数
其他顶级葡萄酒：
一株葡萄藤出产
一瓶葡萄酒）

Le Sérum

Dior

2006年
迪奥和滴金酒庄
创建了一款基于

滴金葡萄藤液
的
美容产品。

自

★ 17 世纪 ★

始

在锡龙河的山谷里
诞生了一个
面积虽小的
要塞之地

在20世纪80年代

一名法国宇航员

葡萄酒爱好者

将一瓶滴金酒庄葡萄酒

带上了太空

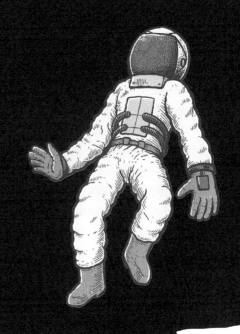

酒精
含量约为

13.5 %

含糖量
约为

125g/L

(含糖比例与
可口可乐相等)

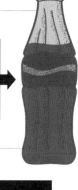

杰斐逊

托马斯·杰斐逊

非常期待滴金酒庄的风采,

他花了一大笔钱买了

60箱葡萄酒

分别存放在

他与乔治·华盛顿的地窖里。

巧手女匠
精挑细选

"在这里，滴金酒庄是长官，
苏玳是黄金，锡龙河则是赤胆屠龙。"

约翰·韦恩

滴金酒庄位于苏玳地区，距波尔多市东南方约40千米。它靠近海洋，拥有温和的海洋性气候。清晨的薄雾笼罩着松树林，夜晚伴有温暖的微风。

对于滴金酒庄干燥而温暖的土壤而言，这些气候因素对形成丰富的土壤成分至关重要。

土壤的表层是沙土，而深层则是潮湿的黏土。这种土壤与气候的结合使得贵腐菌（Botrytis Cinerea）得以生长，而这种真菌是酿造葡萄酒的关键。

真菌消耗葡萄50%的水分，从而提升葡萄的甜度，降低葡萄的酸度。这一切都是在没有进行破碎的情况下发生的，这一天然的过程被称为"贵腐"。

贵腐的结果是产生一种令人惊艳的葡萄酒，它拥有迷人的层次感和复杂度。但是在成熟后期，如果湿度过大或日照不足，真菌将快速繁殖，形成一个致命性的后果——灰腐。这对葡萄收成是毁灭性的，当年的佳酿也会暂停生产——在这一年，滴金酒庄将不会出产任何葡萄酒！

葡萄园的修剪和收成全部由女性来完成，因为她们的手又小又巧。每一名女工负责一个地块，专门挑选被贵腐菌侵染的葡萄，每株葡萄藤只采收十串。

从风土到酒瓶

葡萄园位于法国波尔多地区锡龙河附近的苏玳产区。

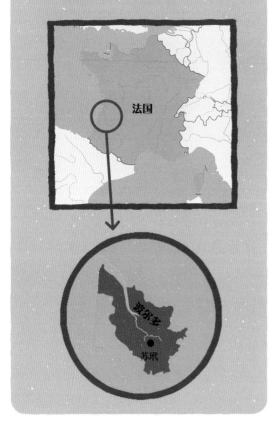

法国

奥尔壬

苏玳

混酿的葡萄品种：

80%
赛美蓉

20%
长相思

芳香甜美

蜂蜜

时光赋予的迷人棕色

杏子

花蜜

无花果

Château d'Yquem
Sauternes

SAUTERNES

25名女工每人负责一个地块，挑选出贵腐葡萄，丢弃任何得灰腐病的葡萄。

⬇

一个月内她们6次往返于葡萄园，悉心地进行采收。

（酒庄之所以选用女工，是因为看中她们灵巧的双手以及女性对细节的关注度。）

雾

如果葡萄受腐后
出现晴天……

但如果湿度持续
上升……

夜间薄雾的湿度会使葡萄产生真菌，晴朗的天气可以风干葡萄，对防止有害的过度腐坏必不可少。

{ 真菌葡萄孢菌 }

在下雨天，或者当葡萄不够健康或不成熟时，就会容易发生灰腐，给葡萄带来可怕的味道。当灰腐发生时，滴金酒庄将不酿造当年的葡萄酒

这是
贵腐菌
（贵腐葡萄酒）

灰腐=腐坏

这些葡萄看起来腐烂了，但却能酿造出最令人垂涎的白葡萄酒，并可保存 100 年以上。

这种贵腐菌会刺穿葡萄表皮，让葡萄汁液逸出。

蒸发后的葡萄会积累更多的糖分和风味物质，增加葡萄酒的复杂性，延长葡萄的陈年潜力。

脱水葡萄的表面覆盖一种
看起来像灰尘的真菌。

西班牙

★ 上里奥哈阿罗 ★

R. LÓPEZ DE HEREDIA

唐多尼亚酒庄

古法传承
匠心依旧

传承历史的风味

"当生活看似最具挑战性的时候，我们就会有机会发现自己内心深处的力量。"

约瑟夫·坎贝尔

　　1870年一个寒冷的早晨，两个孩子手牵着手，他们乘坐的船从智利港口驶向欧洲。这两个孩子一个14岁，另一个12岁。

　　这是他们第一次独自面对一切，他们的手都在颤抖。在这一段长达两个多月的横渡大西洋的旅程中，没有家人陪伴他们。当孩子们第一次踏上甲板时，他们焦虑地转过身，靠在栏杆上，在人头攒动的港口中看父母的最后一面。

　　曾孙女玛丽亚·何塞·洛佩兹·德·埃雷迪亚（María José López de Heredia）是西班牙最负盛名的酒庄之一的继承人，她说："他们两个小孩横渡大西洋，我们保留了他们寄给母亲的珍贵信件，告诉她这趟旅程的一切。"这是两个孩子写出来的信，但他们的成熟程度远超同龄人，更像是40岁的人。

*卡洛斯的
士兵*

两个小孩的父母把他们送到西班牙巴斯克地区的奥杜尼亚（Orduña），在一所学校学习。但仅仅两年后，第三次卡洛斯战争（Third Carlist War）爆发了。一场内战在纳瓦拉、加泰罗尼亚和巴斯克省肆虐，造成数万人死亡。

战乱中，两个小孩设法从学校逃出，加入了战斗，因为"卡洛斯主义精神在他们心中熊熊燃烧。"

但不久之后，他们被俘虏并驱逐到法国。

拉斐尔·洛佩兹·德·埃雷迪亚（Rafael Lopez de Heredia y Landeta）在给母亲的信中写道："天上没有星星，除了上帝以外，没有其他安慰，他们让我们日夜行走，直到我们越过边界。"可谁也没曾想到，有一天，这个16岁的少年发现了神秘的唐多尼亚酒庄（Viña Tondonia），位于埃布罗河的右岸。

他的曾孙女玛丽亚·何塞说，拉斐尔决定用父母从智利给他寄来的钱在法国学习国际贸易。他的成绩很好……

*伊丽莎白的
士兵*

几个月后，在法国巴约讷市（Bayonne）附近，拉斐尔受雇为一家葡萄酒贸易公司记账。当公司破产时，每一个员工都感到无比意外。当老板落魄地躲避债权人时，拉斐尔先生看到了一个黄金机会。

其中两名债权人是阿罗（Haro）的居民。阿罗位于上里奥哈（La Rioja Alta）地区，这里毗邻赫雷斯（Jerez）和葡萄牙波尔图（Oporto），拥有世界上最集中的酒庄。

拉斐尔先生随即搬到了阿罗，债权人立即给了他一份工作——管理酒厂。这一切一定是命中注定的，那个独自渡过大西洋的孩子再也不能回到智利去了。

1863年，葡萄根瘤蚜（Phylloxera Plague）肆虐法国的勃艮第、波尔多乃至整个法国其他地区的葡萄园（这场灾难历时30多年才得以解除）。此时，里奥哈的酒庄开始迅猛发展。在随后的"里奥哈黄金时代"（1877—1890年），该地区的葡萄园产量足足翻了四倍。

VINOS—葡萄酒

拉斐尔先生建造了
一个英式瞭望台，
高于周围其他所有建筑物，
以观察葡萄园的
每一个角落。

**在葡萄根瘤蚜肆虐法国后，
里奥哈地区的许多葡萄园都
开始蓬勃发展。**

　　拉斐尔先生马上意识到，他再次面临着一个巨大的机会。他开始寻找理想的地点来种植自己的葡萄园。直到有一天，他来到了唐多尼亚。

　　当时，许多法国阿尔萨斯的葡萄酒生产商也都纷纷来到西班牙里奥哈地区，寻找合适的葡萄园，取代他们在法国遭受肆虐的著名产区。在这过程中，阿尔萨斯人教会了拉斐尔先生如何酿制高品质葡萄酒，上乘的波尔多酒庄的生产者也会建议他如何选购最好的葡萄藤。

　　于是，始建于1877年唐多尼亚葡萄园，在很短的时间就成为一代传奇。

　　大约十年后，当拉斐尔先生对葡萄园中央地区进行装修时，他建造了一个英式瞭望台，海拔高于周围其他所有建筑。

　　当每个人都以为他的目标是向全世界展示"唐多尼亚葡萄园"充满野心的巨幅招牌时，拉斐尔先生真正想做的却是可以站在一个足够高的地方，监督他的整个庄园和每一株葡萄藤的生长情况。

"在里奥哈，人们会评价1964年是一个'世纪丰收'。我称之为'收获奇迹'的年份，因为这个年份的葡萄酒似乎不会随着时间的推移而变老。"

玛丽亚·何塞·洛佩兹·德·埃雷迪亚

当年站在拉丁美洲港口的拉斐尔先生握起弟弟颤抖的手，他们注定要与过去的一切告别。从那一刻起，发生了很多事。

如今，拉斐尔先生有14个子女，数百名侄子、孙子和曾孙，这些已经比葡萄园重要得多。他留下的，是一座关于生存、坚毅和独创的丰碑。

拉斐尔先生的曾孙女玛丽亚·何塞确信地说："只有经典才能永恒。"她和她的兄弟姐妹们并肩而立之处，延续着140多年前的酿酒匠人精神和哲学思想。出于此，葡萄园仍沿袭传统栽培方式，将葡萄藤修剪成灌木型，而非采用搭架方式，而里奥哈其他大多数葡萄园依靠铁丝做搭架提供支撑。玛丽亚·何塞十分了解传统工艺："近十年，我们雇佣了一位人类学家整理家庭档案。光是通讯信件就有浩如烟海的书卷，每卷500页。我打算仔细研读每一本，即使这可能意味着我将无法读完詹姆斯·乔伊斯的小说《尤利西斯》。"

里奥哈作为主要的
葡萄酒产区，
生产历史始于
19世纪。
在葡萄根瘤蚜肆虐法国
摧毁了大部分葡萄园后，
这些法国葡萄酒生产商
不得不出去寻找新的田地。

葡萄栽培于
"搭架"上，
新枝垂直分布于
铁丝网上。

葡萄栽培成
"灌木型葡萄藤"，
它们没有人为的支撑，
需要工人更持续而密切的关注，
它们长出的叶子更少，
葡萄能享受
更多的阳光照射。
叶子的天然遮蔽作用
除了可使周围的土壤
不过度干旱，
还可以保护葡萄串
免除严重脱水。

酒窖位于
地下15米，
这有助于酒窖维持恒温
12 ℃，
无须电动冷却装置。

里奥哈特级珍藏葡萄酒
规定最低陈年时间
为6年
而唐多尼亚酒庄出售前的
桶内陈年时间
长达10～20年。

灌木型葡萄藤

从风土到酒瓶

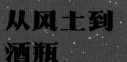

葡萄园位于西班牙里奥哈地区的阿罗附近

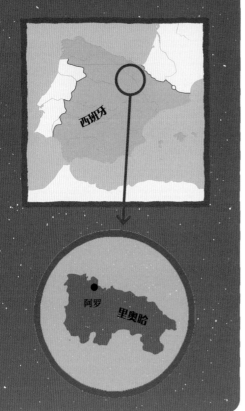

西班牙

阿罗 里奥哈

混酿的葡萄品种

75% 丹魄

5% 玛佐罗

15% 歌海娜

5% 格拉西亚诺

埃布罗河

埃布罗河周围遍地是动物，包括野鸭、欧洲鹡、苍鹭、鹧鸪、狐狸、兔子和在葡萄园里漫步的野猪。

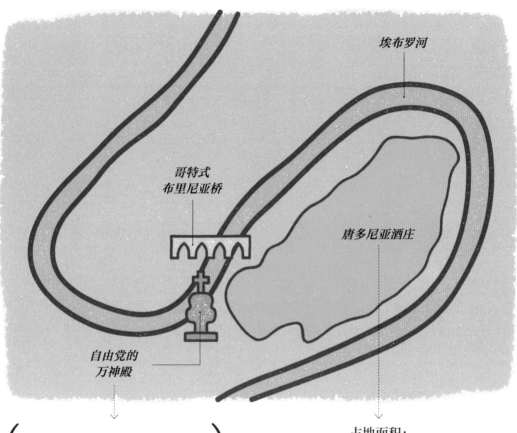

埃布罗河

哥特式
布里尼亚桥

唐多尼亚酒庄

自由党的
万神殿

*纪念在 1834 年的反卡洛斯
战争中死去的 7 名壮士*

<u>占地面积:</u>
100公顷
（海拔：438~489 米）

分为若干个100平米的小地块，大部分地块
沿袭第一个葡萄园的灌木型栽培方式。

灌木型葡萄藤

↓

没有铁丝支撑

*而世界上大多数的葡萄园都种植在
铁丝网以及垂直分布的棚架上。
因此修剪成灌木型葡萄藤是一种
非常传统的栽培方式。*

**葡萄园首次种植于
1913年**

土壤类型：含有白垩的冲积型黏土

美国

★ 加州纳帕谷 ★

HARLAN ESTATE

哈兰酒庄

无畏冒险
加州之光

比尔·哈兰是个有冒险精神的人，他决定骑摩托车去非洲旅行。
后来，他拥有了美国最重要的葡萄园之一。

未来的历史

"一个人往往在逃避命运的路上与命运相遇。"

让·德·拉封丹

一个独自骑着摩托车踏遍非洲大地，在加州学习传播和政治学，以打扑克牌为生，在赌场的酒店酣睡，学过飞机驾驶，担任过飞机销售的人，他的一生究竟在寻找着什么呢？

答案似乎让人匪夷所思：土地。他寻找的是一个属于他家族的葡萄园，是一片可以硕果累累200年、生产世界上最芳香馥郁的葡萄的土地。

要理解这个谜团，我们首先需要知道，早在开始自己的冒险前，比尔·哈兰（Bill Harlan）就对他嬉戏奔跑过的花园有深厚的感情。比尔的爸爸是屠夫，妈妈是家庭主妇。当童年时期的比尔骑着自行车，在葡萄园里驰骋时，他感受到了世上最无与伦比的快乐。在无数个午后，也许他从未幻想过，在他远离家乡后的某一天，他会返回让他魂牵梦萦的土地。无独有偶，似乎他的生活也总是环绕着那些几乎被人遗忘的葡萄园，以及童年的美好下午时光。

纽约市警察局副局长约翰·A·利奇（JOHN·A·LEACH）（右）在一次突袭后看着特工将酒倒入下水道。

　　早在20世纪20年代，有少数几个加州纳帕谷地区的葡萄园在禁酒令中幸存了下来。从20世纪50年代末到60年代初，美国葡萄酒爱好者开始进驻这片土地。他们来到了这些被时光封存了的小镇，这里风景如画，生机盎然。这些前来寻找肥沃土壤的葡萄酒爱好者们压抑不住兴奋——他们认定，这里有极大发展潜力，他们能在这里建立美好家园。其中，威廉·哈兰（William Harlan）也是其中一员。

　　1966年成立的蒙达维酒庄（Mondavi Winery）是加州希望在美国生产出与法国波尔多及其他著名葡萄园品质比肩的葡萄酒的第一步。

　　受现实和蒙达维愿景所启发，哈兰也跃跃欲试。然而，他必须先在这个世上找

36 DRY RAIDS START CITY-WIDE ROUND-UP

100 Federal Agents Open Drive on Speakeasies Listed in Street-by-Street Census.

Uptown Bars Exhaust Supplies of Liquor and Shut Up.

Suburban Cutups and Novices Have Hot Time On Short Beers.

所谓的《禁酒法》于1920—1933年期间在美国生效。《禁酒法》生效期间，国家禁止酒精饮料的销售、进口、出口、制造和运输。

到一条属于自己的路，以证明他在纳帕谷的发展是必然。

在进行了环球旅行后，哈兰意外地发现自己做生意的能力，就挑他众多商业战绩中的一项说，他是美国西海岸最重要的房地产公司之一——太平洋联盟（Pacific Union）的联合创始人，拥有数不胜数的资产。

这个企业将他默默等待的一切都成为可能。
而等待着他的是：回归农民生活！

与法国葡萄园抗衡就像一个不可能实现的梦。

> **"我一生中收到的最重要的礼物是**
> **罗伯特·蒙达维（Robert Mondavi）**
> **在1980年邀请我参观波尔多和勃艮第**
> **葡萄园的经历。**
>
> **这段经历让我对时间有了完全不同的看法⋯⋯**
> **这些法国土地历经数百年、无数世代拥有过这些资产。**
> **那时我才意识到，我真正想做的是在加州酿制出一级庄。"**
>
> *威廉·哈兰*

如果有**百万分之一**的可能性，如果有人有强烈意愿想去挑战，那这个挑战所动用的将会是土地、专家、纪律和勇气，以及巨大的投资。但最重要的是，这个挑战者需要制定一个长期而坚定的规划，而非短期规划。如果酿出像拉菲古堡或者勃艮第罗曼尼·康帝这样的一级庄水准的葡萄酒要花几个世纪的时间，那么在接下来的两个世纪里，加州纳帕谷的农民需要设定一个旗鼓相当的目标，而这也正是威廉·哈兰的梦想：**创造历史**。

威廉·哈兰指出，在旧世界，好酒产自山坡。这就是为什么比尔·哈兰决定在玛莎葡萄园（Martha's Vineyard）以西的马亚卡马斯（Mayacamas Mountains）的山坡上开辟出自己的葡萄园。1984年，哈兰在那里买下了自己的第一块16公顷土地；1985年，哈兰第一次种植了1.5公顷的葡萄，随后两年又增加了7公顷，到1990年才停止扩大种植。

罗伯特·蒙达维和威廉·哈兰在法国的葡萄园里参观。

由于哈兰细致入微的土壤研究、长时间与专家团队的密切协作以及他意想不到的能源和资金投资，不久后，哈兰庄园推出了首批200箱赤霞珠（Cabernet Sauvignon）和200箱霞多丽（Chardonnay）。

除第一次葡萄丰收外，哈兰收获了一件更重要的事：他在生产与世界上最好的葡萄酒比肩的葡萄酒过程中，迈出了重要的第一步。

然而，这款加州葡萄酒的质量还没有达到哈兰的期望。

时间来到1996年。这时，1990年、1991年、1992年、1993年的酒已经装瓶，1994年的酒还在酒桶发酵，哈兰与团队决定与葡萄酒评论家会面，品尝1990年的葡萄酒。

这次的会面开启了匪夷所思的传说：他们找到了加州葡萄酒第一个名垂青史的年份。

直到那时，威廉·哈兰方才真正在纳帕谷长长地舒一口气：他终于可以重拾童年的快乐，再一次体会午后酣睡的时光，欣赏着周边令人心醉的田野美景。这里隐藏着一块宝藏，这块曾经隐匿起来的世界宝藏正逐渐迸发它的活力。这一切要归功于哈兰的意志力、决心和某种程度上的疯狂。

一个葡萄酒
王朝的诞生

1 美元

哈兰说，他花了20年的时间才赚到了第一块"哈兰酒庄"葡萄酒的美金。过去20年里，他在生产上倾注了大量的成本、劳动力和时间。

他说，他计划在未来200年里，按照罗斯柴尔德家族和安东尼家族的传统，打造一个欧式葡萄酒王朝。

目前，哈兰拥有纳帕谷俱乐部，这是一个有着来自37个州、11个国家的近500名会员的私人俱乐部。只要支付大约155000美元的预付款，会员除了每年获得大量的纳帕葡萄酒外，还可以享受来自世界各地的美酒和美食，以及到世界各地的葡萄园展开学习之旅，使用当地设施。

一瓶

哈兰赤霞珠的

售价在

400美元

~

1200美元

取决于收成年份。

威廉·哈兰也是
梅多伍德度假村
（Meadowood Resort）的
创始人。
这是在纳帕谷
最有名的酒店内有一个获得
《米其林指南》
三星荣誉的餐厅。

❋ ❋ ❋

1985年的一次相亲活动上，比尔·哈兰遇到了他的妻子黛博拉·贝克
（Deborah Beck）。他们有了两个孩子：威廉出生于1987年，
阿曼达出生于1989年。如今他们和父母一起工作。

从风土到酒瓶

葡萄园位于加州纳帕谷

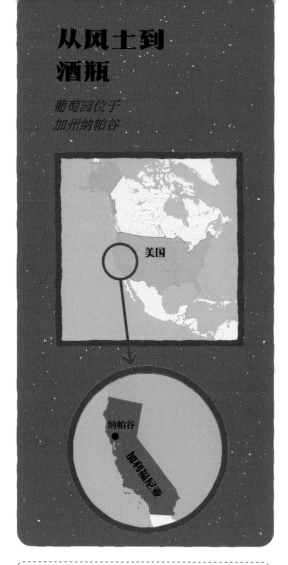

美国

纳帕谷

加利福尼亚

混酿的葡萄品种

品丽珠

梅洛

赤霞珠

小维尔多

（每个品种的具体混酿比例在收成时确定）

膜拜酒

膜拜酒是指生产量极少、在加州很难买到的葡萄酒。这种酒通常拍卖价格为数千美元。

{ *除了哈兰酒庄外，其他出产备受推崇的膜拜酒的酒庄还包括啸鹰酒庄、赛奎农酒庄、稻草人酒庄、阿罗珠酒庄、葛利斯家族酒庄、多明纳斯酒庄、达拉·瓦勒酒庄和彼特·麦克酒庄。* }

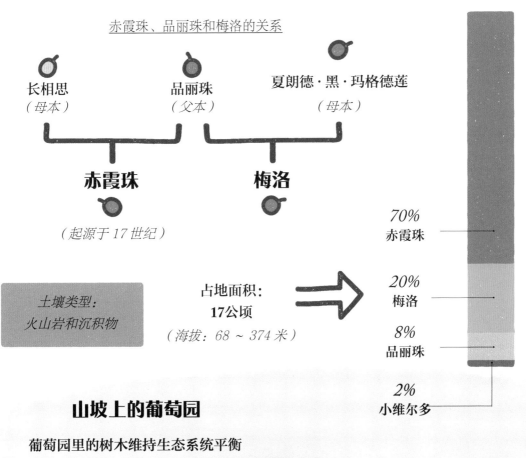

赤霞珠、品丽珠和梅洛的关系

长相思
（母本）

品丽珠
（父本）

夏朗德·黑·玛格德莲
（母本）

赤霞珠

梅洛

（起源于 17 世纪）

土壤类型：
火山岩和沉积物

占地面积：
17公顷

（海拔：68 ~ 374 米）

70%
赤霞珠

20%
梅洛

8%
品丽珠

2%
小维尔多

山坡上的葡萄园

葡萄园里的树木维持生态系统平衡

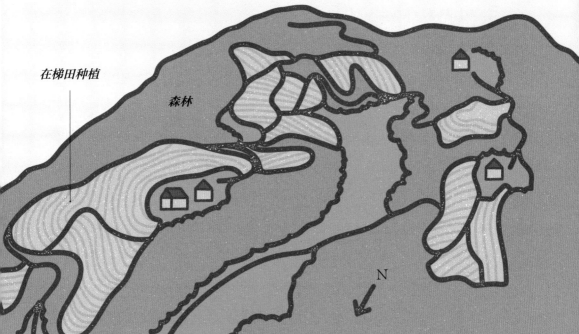

在梯田种植

森林

N

DOMAINE DE LA ROMANÉE-CONTI

罗曼尼·康帝酒庄

世界遗产
法式尊享

法国作家让利斯夫人
（*Madame de Genlis*）表示：
"没有人比康帝亲王更懂得如何以
优雅和微妙的方式招待客人。"

藤蔓战争纪事

一个人到底想要多少东西？
他又能得到多少呢？
最重要的是：他真正拥有过什么？

　　被称为"康帝亲王"（Prince of Conti）的路易·弗朗索瓦·德·波旁（Louis François de Bourbon）以创建历史上最卓越的葡萄园之一——充满传奇色彩的勃艮第酒庄罗曼尼·康帝，而被世人牢牢记住。

　　康帝亲王拥有当时男人们所渴望拥有的一切：智慧、涵养、魅力、尊贵的头衔以及难能可贵的军事谋略、政治和艺术天分……如果这还不够，他还曾经担任"国王的秘密"（Le Secret du Roi）——法国君主制下的第一个秘密情报局的局长。康帝亲王是18世纪欧洲间谍活动中真正的詹姆斯·邦德（James Bond）。

　　跟所有的英雄一样，这位亲王也有一位死敌：蓬帕杜夫人（Madame de Pompadour），她是国王路易十五的挚爱。

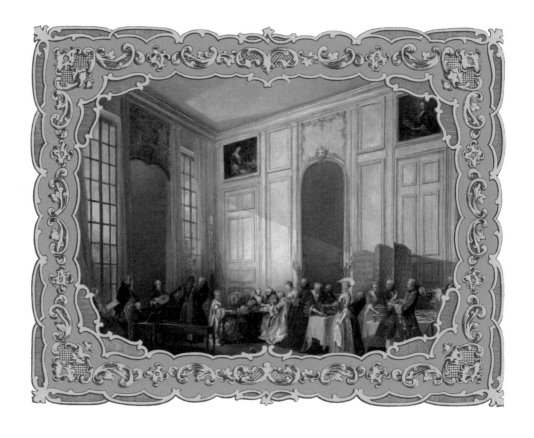

　　1764年，艺术家迈克尔·巴德乐美·奥利弗（Michel-Barthélemy Ollivier）为康帝亲王作肖像画。在油画布上，亲王和周围的一切栩栩如生。此幅肖像画题为《寺庙四镜厅内的一盏英国茶，陪伴康帝亲王殿下聆听年轻的莫扎特弹奏》。该画目前收藏于卢浮宫博物馆。

　　蓬帕杜夫人和康帝亲王曾经是国王身边最亲近的两个人，也是在宫廷里最有影响力的两位。他们之间的过节除了政见相左外，康帝亲王还渴望像他的祖父一样成为波兰国王。这一意愿遭到了蓬帕杜夫人的反对，康帝亲王一生也没有得以如愿。

　　相传，二位为了争夺法国国王的权力，展开了一场交锋。无独有偶，战斗之地剑指罗曼尼葡萄园。

　　这是一场没有军队、没有弹药的战斗，这是两个不共戴天的死敌之间的最后较量，他们争夺着收购勃艮第这块家喻户晓的著名资产：放眼周围，尽是精致的葡萄园。

康帝亲王

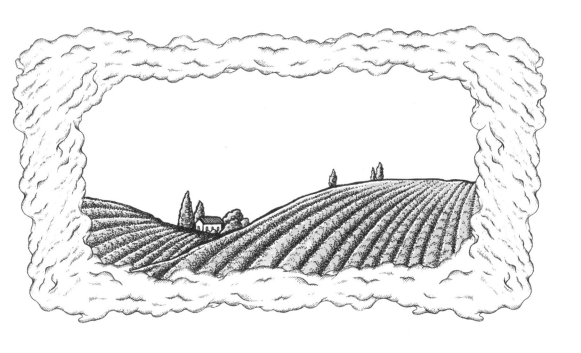

康帝亲王最终豪掷该地区其他葡萄园**10倍以上的价钱**，加上中间人的秘密搭线，从而超越蓬帕杜夫人的出价，买下了这片土地。

现在看来，若是康帝亲王成为波兰国王，恐怕他的影响力还不像现在一样长达四个世纪之久，到今天依然被人们津津乐道。

更确切地说，葡萄园里的每一株藤蔓都反映着他的内在精神——当然，也只有实实在在的泥土和葡萄能反映出真实的他。毫无疑问，这座葡萄园的确有着历史上最具魔力、最令人着迷的土壤和葡萄。

这座葡萄园的神奇还在于长久以来康帝亲王从未出售过一瓶罗曼尼葡萄酒。每年产量近2000瓶葡萄酒被用于无数晚宴、音乐会，以及用在康帝亲王与艺术家、政客高谈阔论的传奇沙龙之夜。

1776年，康帝亲王去世后，他的儿子继承了葡萄园，并在酒庄上加了"康帝"的名字。但不久后，悲剧发生了，法国大革命没收了这些财产，并宣布它为"国家遗产"。

1794年，康帝酒庄被拍卖给了出价最高的人。

"这几乎是罗曼尼·康帝酒庄葡萄酒的 一个标志：它们有着独特的异国情调特质， 喝一口酒你就能品出来。"

休·约翰逊

1869年，在经过多次转手后，这处资产被雅克·玛利·迪沃·布洛谢（Jacques Marie Duvault Blochet）购得。她以德·维兰（de Villaine）家族之名，开始打理酒庄。

随后，勒罗伊（Leroy）家族入股，两大家族的结合延续至今，形成了今天的所有权结构，平分罗曼尼·康帝酒庄。

因不满足于拥有勃艮第最著名的葡萄园，奥伯特·德·维兰（Aubert de Villaine）开始投身于将这座心爱的勃艮第葡萄园列入联合国教科文组织世界遗产名录。

2010年，奥伯特·德·维兰将勃艮第葡萄园的候选资格提交给了联合国教科文组织。

2010年，奥伯特·德·维兰和其他酒庄成员公布了北至第戎（Dijon）、南至玛朗（Marangues）之间的勃艮第优质产区候选名单。

UNESCO—联合国教科文组织

2015年，在德国波恩举行的联合国教科文组织会议上，勃艮第被列入"世界文化遗产"。

罗曼尼·康帝葡萄园是现今法国占地面积最小的葡萄园之一。葡萄园共1.8公顷，年产约5000瓶葡萄酒，但即便是最新酿制的葡萄酒，每瓶的价格也超过1万美元。这些仍远低于1945年的年份酒（Millésime）：售价10万美元。

此时，距离圣·维旺（Saint Vivant）修道院院长在1232年首次购入这片葡萄园的两公顷土地以来，已过去近800年了。

现在的
罗曼尼·康帝
年份葡萄酒的
平均售价大约为
14800
美元

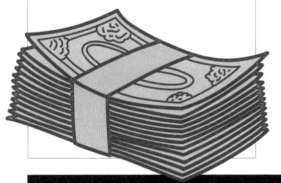

罗曼尼·康帝
葡萄园
首次种植于
18世纪。

德·维兰家族
一直持有
康帝葡萄园
直至
*1869*年。

另一款世界知名葡萄酒同样来自罗曼尼·康帝原产区
（酒庄和葡萄园的名字）的
踏雪葡萄园
（*La Tâche vineyard*）

踏雪
被称为
男性
葡萄酒。

罗曼尼·康帝
被称为更加
女性
的葡萄酒。

天时地利的
黄金宝地

坐落在沃恩–罗曼尼村（Vosne-Romanée）附近的1.8公顷的黄金宝地拥有得天独厚的气候，适宜酿造顶级品质的葡萄酒。

罗曼尼·康帝的葡萄园由一个东向以及东南朝向、排水良好的小山坡组成，海拔240米。

土壤类型为富含铁的石灰岩。

罗曼尼·康帝的老葡萄园里种植着一种名为"特薄"（très fin）的黑比诺品种。这种葡萄天生具有无与伦比的精致性和复杂度，确保康帝葡萄园出产的酒的纯度与品质。

葡萄酒的高酸度使其具有高达几十年的陈年潜力。

这是一个有机种植的葡萄园，平均葡萄藤的年龄为45岁。

2007年，生物动力法在这里得到应用。

1985年，世界上最负盛名的酒评家小罗伯特·帕克授予了罗曼尼·康帝葡萄酒100分的高度评价。

单一葡萄品种

100%
黑皮诺

从风土到
酒瓶

*葡萄园位于夜丘（科多尔），
靠近勃艮第地区的第戎镇*

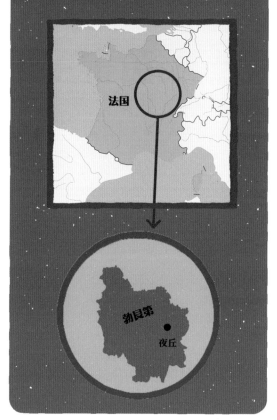

法国

勃艮第

夜丘

19世纪晚期

在法国葡萄园里爆发葡萄根瘤蚜。

几乎所有葡萄藤都用抗根瘤蚜的
美国葡萄藤作为砧木供欧亚葡萄
藤进行嫁接。

最好的葡萄园位于便于排水的小斜坡上。

砾石

坡度为15%

土壤表面
深约一米

海底石灰岩

底层为侏罗纪岩系的石灰质黏土

河床为海相化石层

有着丰富的石灰石
（小型牡蛎化石）

相传最优质的黑皮诺产自石灰岩土壤。

**罗曼尼·康帝的葡萄园
直到1945年才重新种植。**

与其用一、二或三种同一克隆苗，
罗曼尼·康帝决定种植更具多样化的葡萄，
由几十种不同的植物组成，称为"藤苗"。

（奥伯特·德·维兰认为，生物遗
传学上的多样性对罗曼尼·康帝
园的黑比诺葡萄酒的品质至关
重要。）

葡萄藤平均树龄：40年

海洋化石

高种植密度：
**每公顷10000～
14000株。**

阿根廷

★ 门多萨胡塔拉利 ★

CATENA ZAPATA

阿德里安娜葡萄园

特级庄园
南美之巅

阿德里安娜

"阿德里安娜"名字的灵感来自我们的母亲埃琳娜怀孕时阅读的故事，这是一个关于热爱艺术和文化的罗马皇帝哈德良的故事，作者为玛格丽特·尤塞纳（Marguerite Yourcenar）。

阿德里安娜这个名字也是为了纪念亚得里亚海（Adriatic Sea），而我们的曾祖父尼古拉·卡帝娜就在自己18岁时怀着伟大的梦想，从欧洲的亚得里亚海一路航行到了美洲新世界的大陆。

亚得里亚海

MEMOIRS of HADRIAN—哈德良回忆录

高海拔的魔力

**"建造就是与大地合作、留下印记，
使地标不断被人性化的过程。"**

玛格丽特·尤塞纳尔于《哈德良回忆录》

　　尼古拉斯·卡帝娜·萨帕塔（Nicolás Catena Zapata）出生于农村拉利贝塔德（La Libertad）。从小他与父亲和祖父一起在葡萄园工作。尼古拉斯在当地的一所学校学习，他的母亲安吉莉卡·萨帕塔（Angélica Zapata）是这所学校的校长。尼古拉斯自幼的梦想是在美国学习物理学。他的母亲也希望他能做学术。同时，他们都渴望着对于一个来自阿根廷小农村的男孩来说几乎不太可能的梦想：获得诺贝尔奖。

　　在尼古拉斯18岁时，一场意外残酷地夺走了他的母亲和祖父尼古拉（Nicola）的生命。与此同时，也夺走了他出国留学的梦想。当下，帮助陷入痛苦深渊的父亲责无旁贷。于是，尼古拉斯决定留在阿根廷，并以史上最短的时间获得经济学博士学位。在22岁时，他执掌家族酒庄卡帝娜·萨帕塔（Catena Zapata）。

　　我（本书作者劳拉·卡帝娜）的父亲尼古拉斯·卡帝娜·萨帕塔的一生都在做减法。然而在2012年，他被授予系列奖项中的最后一项重量级大奖：南半球最著名的酿酒师。

　　在洛杉矶的大厅里，他被《葡萄酒观察家》（Wine Spectator）授予"杰出贡献奖（Distinguished Service Award）"（这个奖项几乎相当于葡萄酒领域的诺贝尔奖）。在他的获奖感言中，我的父亲强调：所有的成就都归功于门多萨的风土。当时在1902年，我的曾祖父、他的祖父尼古拉·卡帝娜意外地来到这片充满机遇的土地，才有了今天的故事。

　　虽然我们家很强调勤奋工作和学习，但我父亲也相信：运气高于一切。当我回想起我们是如何发现阿德里安娜葡萄园时，我倾向于同意他的"运气论"，毕竟阿德里安娜葡萄园坐落在高高的山上，地点偏僻，看起来似乎对葡萄种植不太友好。

　　作为安吉莉卡·萨帕塔的儿子，尼古拉斯毫不犹豫接受了挑战。在他灼灼渴望的驱使之下，他花了10年的时间专门研究门多萨的风土——尤其是高海拔山地气候以及马尔贝克葡萄，并在全世界游学，向最好的酒商和葡萄园学习。在波尔多，尼古拉斯遇到了一位法国人，在法国人品尝了来自门多萨传统地区的赤霞珠后，他告诉尼古拉斯，这款酒让他想起了温暖地区的葡萄酒，但它不具备陈年潜力。

尼古拉斯曾经受人引导，相信好酒只产自法国。但在20世纪80年代初，当他听说在巴黎的葡萄酒的盲品会中，加州葡萄酒以史诗般的胜利战胜了法国经典葡萄酒后，他问自己：何不努力一把，在阿根廷也酿造一款特级庄品质的葡萄酒呢？

那一刻痛苦的瞬间激发了尼古拉斯的灵感，他转头奔向巍峨的安第斯山脉，寻找种植葡萄藤的寒冷极限地带。大约在海拔1500米（约5000英尺）的地方，尼古拉斯发现了一个非常寒冷且干旱的地方。他的葡萄栽培师告诫他：葡萄永远都不可能在那里成熟。而今天，那里坐落着美丽的阿德里安娜葡萄园。

我想不出比"阿德里安娜"更好的名字来表达家族在找到这块黄金福地的运气。当父亲梦想着打造一款南美特级庄时，我的妹妹阿德里安娜（Adrianna）一直陪伴着他奋斗。

"阿德里安娜"名字的灵感来自我们的母亲埃琳娜怀孕时阅读的故事，这是一个关于热爱艺术和文化的罗马皇帝哈德良的故事，作者为玛格丽特·尤塞纳（Marguerite Yourcenar）。阿德里安娜这个名字也是为了纪念亚得里亚海（Adriatic Sea），而我们的曾祖父尼古拉·卡帝娜就在自己18岁时怀着伟大的梦想，从欧洲的亚得里亚海一路航行到了美洲新世界的大陆。

最初，阿德里安娜葡萄园致力于出产最高品质的葡萄和葡萄酒。但因为坡度陡峭，加上霜冻的风险，以及含石灰的贫瘠石质土壤，这些条件大大提高了种植难度。

有一天，我站在普列托山的山顶上（这座山的名字是为纪念种植葡萄藤的经理唐·普列托而起的名），对陪同我的农学家说，整个葡萄园的葡萄藤看起来好像参差不齐。他毫不犹豫地回答："我们要用推土机把植物铲走，调整好土壤条件后，再进行耕种。"

尼古拉斯·卡帝娜·萨帕塔

自 1997 年阿根廷首屈一指的
绝世佳酿

**选取超过150年的根瘤蚜灾害前的
赤霞珠枝条以及未经嫁接的
马尔贝克枝条**

砾石和石灰土的混合

阿德里安娜葡萄园

尼卡西亚葡萄园

超过 2600 名
消费者的选择

薇薇诺酒评网

**票选出
"全球十佳葡萄酒"**

艾斯提巴特酿珍藏

**来自尼古拉斯·卡帝娜·萨帕塔
留给子孙生日时的珍贵礼物
——赤霞珠。**

*限量发售
（仅在阿根廷与中国）*

*2019年，卡帝娜·萨帕塔
在中国长城之巅，隆重庆祝
阿德里安娜葡萄园的五款美酒荣获满分。*

尼古拉·卡帝娜每天早上都会吃一份微烤的牛排作为早餐，告诉自己能来到富饶而充满机遇的阿根廷是多么幸运。

"它的美，用言语无法形容。"

酒评家路易斯·古德雷斯评价阿德里安娜葡萄园

以前的我，只要一听到葡萄园经理的否定就会暴跳如雷；而现在的我愈发冷静……，回顾在勃艮第参观过的一座座伟大的葡萄园，它们最大的特点是：土壤和斜坡的多样性。我开始用心研究阿德里安娜葡萄园里每行植物，而且不仅仅是每行，而是每棵植物、每块石头、每种微气候和每个土壤细节。

我发现阿德里安娜葡萄园位于一条已经干涸的河床上，经过多年的火山、地震和风沙活动，河床发生了变化，形成了无数个地块，每一块都具有丰富的多样性。当我们把每一小块地种植出的葡萄进行分别酿制后，我们惊喜地发现了"黄金"宝藏——在这片贫瘠、偏远山区里的土地上，没有人会想到竟还能有一块发现宝藏之地！黄金，这是幸运和命运赋予我们的惊喜。

在阿德里安娜葡萄园的中央有一个独特的地块，之所以独特，是因为它的微生物数量极其丰富。这些丰富的数不胜数的根际菌群和菌根帮助植物有效地吸收养分，使我们的葡萄能完全适应这片属于自己的家园。这就是为什么我们把出产来自这片土地的葡萄酒称为"魔地穆图斯"（Mundus Bacillus Terrae）或"优雅的地球微生物"。这些葡萄是从家族的安吉莉卡葡萄园（Angélica）中精选的根瘤蚜灾害前的枝条悉心培养而成，而该葡萄园已经拥有超过90年的历史。

卡帝娜博士，您就别坚持了！在这个高度不可能长出任何东西。
我偏要冒这个险！如果不去尝试，我们永远都不会了解葡萄藤生长的寒冷极限在哪里。
胡塔拉利
1450米海拔

1995年
卡帝娜葡萄酒研究院
从80年老藤中
培养出了第一株
阿根廷马尔贝克选枝

卡帝娜·萨帕塔
荣获
《国际酒饮》2020年度
"全球最受赞誉的葡萄酒品牌"
称号

1999年，
尼古拉斯·卡帝娜·萨帕塔与
罗斯柴尔德男爵（拉菲）
建立合作关系
他们决定将这款酒命名为

卡罗（CARO），

"CA"，代表卡帝娜(Catena)，
"RO"，代表罗斯柴尔德(Rothschild)。

尼古拉斯·卡帝娜·萨帕塔
于2009年荣获
"品醇客年度人物大奖"
以及由《葡萄酒观察家》
《美食家》
以及《葡萄酒爱好者》
授予的"杰出贡献奖"。

据说
马尔贝克的历史
可以追溯到
2000多年前的
罗马帝国时代。

马尔贝克
在中世纪时期非常出名，
传说法兰西王后
阿基坦的埃莉诺
（ Eleanor of Aquitaine ）
在她的爱情宫廷里享用它。

阿根廷
马尔贝克的
历史

1852年
马尔贝克首次
在阿根廷种植。
在阿根廷它被称为
"法国葡萄"。

1855年，
波尔多宣布列级体系时，
在所有列级庄
（ *Grand Cru Classé* ）的
葡萄品种当中，
10% ～ 40 %
为马尔贝克。
马尔贝克是一个
精致的葡萄品种，
采收较晚，易受寒冷天气
以及雨水气候的影响。
这也是它能很好地适应
门多萨干燥和晴朗气候的
根本原因。

19世纪末，
葡萄根瘤蚜肆虐欧洲，
摧毁了一座座葡萄园，
马尔贝克几乎从法国销声匿迹。
而取而代之的，
是法国波尔多的
赤霞珠和梅洛。

1990年，
马尔贝克在阿根廷复兴，
这一切始于
尼古拉斯·卡帝娜·萨帕塔的
葡萄酒。

卡帝娜葡萄酒研究所于
1995年
首次对阿根廷马尔贝克进行了
嫁接、扦插和克隆选枝。
这135种选枝
全都来自
卡帝娜·萨帕塔家族的葡萄园。

从风土到酒瓶

*葡萄园位于
阿根廷门多萨省尤克谷的胡塔拉利*

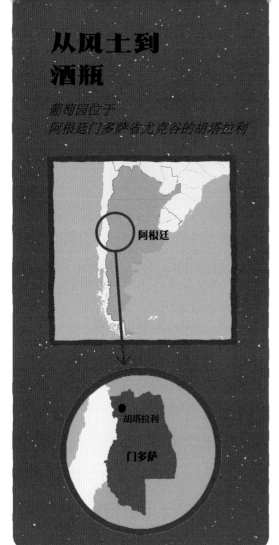

阿根廷

胡塔拉利

门多萨

酒庄标志呈金字塔形状，象征阿根廷
安第斯山，在那里有世界上最高的葡萄园。
该标志的设计灵感来自美洲的玛雅文明，而
玛雅文明就像卡帝娜·萨帕塔一样，
渴望在科学、艺术和文化方面勇攀高峰。

单一葡萄品种

**100%
马尔贝克**

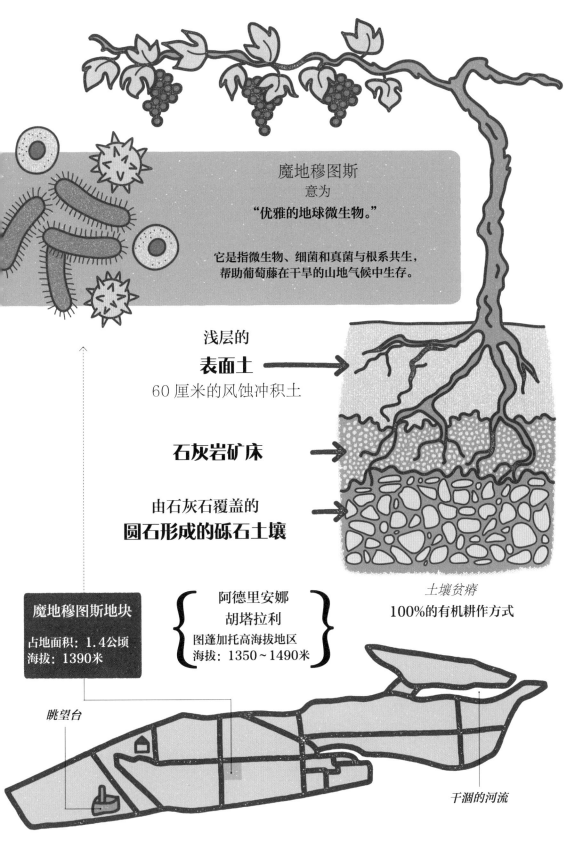

魔地穆图斯
意为
"优雅的地球微生物。"

它是指微生物、细菌和真菌与根系共生，
帮助葡萄藤在干旱的山地气候中生存。

浅层的
表面土 ➝
60 厘米的风蚀冲积土

石灰岩矿床 ➝

由石灰石覆盖的
圆石形成的砾石土壤 ➝

土壤贫瘠
100%的有机耕作方式

魔地穆图斯地块
占地面积：1.4公顷
海拔：1390米

阿德里安娜
胡塔拉利
图蓬加托高海拔地区
海拔：1350~1490米

眺望台

干涸的河流

温勒内日晷园

德艺时光
朝露待日

甜蜜时光

"一瓶美酒需要疯子去种植葡萄树，需要聪明的人去看守，需要头脑清醒的诗人去酿制，以及需要爱酒之人去品尝。"

萨尔瓦多·达利

1971年，一位热情的葡萄酒收藏家决定购买两箱著名的约翰·约瑟夫·普朗酒庄（Joh. Jos. Prüm）的葡萄酒。他的目的是每年开一瓶酒，品尝葡萄酒随着时间的演变，品味时间对其品质的影响。但其实我们也可以这样想，这个人真正要达到的目的是了解自己随着时间的演变，通过他的味觉和对葡萄酒的感知，发现自己的变化。

卡塔琳娜·普朗（Katharina Prüm）是当时德国最著名的葡萄园之一的庄主，她遇到了这位对葡萄酒充满热情的人。而她对自己家族在卫恩葡萄园历经数个世纪所取得的成就的欣赏程度，竟赶不上眼前的这个人。

"葡萄酒的发展是不可预测的……就跟人一样。"卡塔琳娜说。

除了酿造优质葡萄酒，普朗家族面临的挑战还在于如何在世界上最陡峭、也可能是最难栽种植物的斜坡上种植葡萄。毫无疑问，普朗酒庄的名声很大程度上要归功于位于德国中心优质的14公顷土地。800多年前，普朗家族决定定居在摩泽尔山谷的卫恩村。

约翰·约瑟夫·普朗

创始人

曼弗雷德·普朗博士

卡塔琳娜·普朗博士

"我的角色不是去改变
约翰·约瑟夫·普朗的葡萄酒"

卡塔琳娜·普朗

5个世纪后，普朗酒庄被改建为一个酒窖，继承人塞巴斯蒂安·阿洛伊斯·普朗（Sebastian Alois Prüm）开始了神秘且几乎不人道的耕作方式——从温勒内日晷园险峻陡峭的山坡上收割葡萄。与此同时，该地区还诞生了另一个传说，当时人们在通往摩泽尔河的山坡上建造了日晷，上面会清晰地指明工作时间，在陡坡上进行了艰苦万分、亟需耐心的一天劳作结束后，这个日晷给工人们带来了无限的心灵慰藉。

1911年，普朗家族发生巨大飞跃。当时约翰·约瑟夫（Johann Josef）改变了葡萄酒生产方式，葡萄酒的质量呈指数型上升。10年后，他的儿子塞巴斯蒂安（Sebastian）执掌酒庄。在塞巴斯蒂安的领导下，在20世纪30～40年代，普朗酒庄的雷司令发展出了自己独特的风格，与该地区其他葡萄酒都有所不同。

葡萄园的工人们热切地注视着日晷，
等待着一天的结束。

但我们如何才能真正定义约翰·约瑟夫·普朗与摩泽尔山谷其他葡萄园的区别呢？有可能解释清楚这独特的魔法吗？

答案是可以的。不同之处在于地块的选择。诚然，葡萄园的技术和日常护理非常重要，但这些还不够：采收必须尽可能晚，挑选葡萄时要经人工仔细挑选，以及——时机：**葡萄藤表达它们最佳潜力的时机，葡萄充分吸收气候、矿物质、水、糖分的时机，葡萄随着地球的进化而自我迭代的时机**——当然，还有让一个决定自己命运的人真正理解它的时机。

塞巴斯蒂安·阿洛伊斯·普朗于1969年逝世时，他的儿子——曼弗雷德（Mandred）了解家族的过去、现在以及所期望的未来后，决定踏上父亲的道路。数年后，曼弗雷德的女儿卡塔琳娜·普朗诞生了，她与父亲一样，决心投身葡萄种植事业，继承家族留下的珍贵遗产。

"我不喜欢'酿酒师'这个词，因为它似乎在暗示一个人在'酿造'葡萄酒，而事实并非如此。我们唯一要做的只是'陪伴'它。我们在努力传达自然给予我们的东西。一旦我们找到了理想的平衡要素，我们会希望尽可能少地对葡萄生长进行干预。"卡塔琳娜·普朗说。

今天，卡塔琳娜和这位热情的葡萄酒爱好者继续着他的传统，每年他们都喝一瓶他的珍贵藏酒，既了解葡萄酒的演变，同时也了解自己：回顾自己的每一天、每一次收获以及不可预测的每一次遭遇。

正是在这种不确定和殷切的期待中，葡萄园逐渐生长出美丽、神奇以及未来充满无限潜力的璀璨之花。

黄金的味道

葡萄园位于板岩上，这些土壤看起来坚如磐石。事实上你很难想象得出，在如此恶劣的条件下竟能种植葡萄藤，简直是人间奇迹。

这些葡萄酒在**传统的1000升的桶**中进行陈年，酿制方法与当年酒庄创始人约翰·约瑟夫·普朗（Johann Josef Prüm）所使用的方法一模一样。

"论谁是经常斩获著名的《高尔特和米洛美食美酒杂志》'最佳雷司令'殊荣的人，谁都比不过约翰·约瑟夫·普朗。"

普朗酒庄最出名的收成年份是：1949年、1959年、1976年、1988年、1997年、1999年、2000年和2001年。

德国著名葡萄酒侍酒师方克·卡默（Frank Kämmer）曾表示，约翰·约瑟夫·普朗葡萄酒展现的"精准度、优雅度以及风度"，就像一位首席芭蕾舞女演员一样。

德国的雷司令葡萄酒
根据葡萄的成熟度分为
六大类
从较低的（*珍藏酒*）
到成熟度更高的
（*干浆果粒选酒*）。

只有珍藏酒是完全干型
（不甜）。

MATURITY

这**6**个类别分别是

珍藏酒
（*低成熟度*）

晚摘酒

逐串精选酒

逐粒精选酒

冰酒

干浆果粒选酒
（*成熟高，更甜*）

平均
每瓶
雷司令售价在
5000美元
以上。

普朗酒庄
出产欧洲
最著名的
雷司令
之一。

普朗酒庄以生产具有火柴
香味以及巨大陈年潜力的
葡萄酒而知名。

从风土到
酒瓶

葡萄园位于
德国西南部摩泽尔河畔的卫恩村

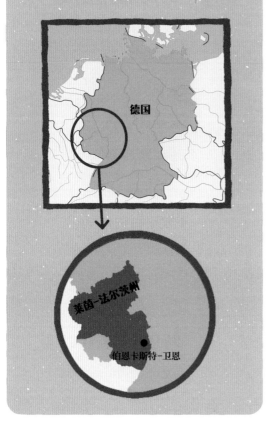

德国

莱茵-法尔茨州

伯恩卡斯特-卫恩

100%
雷司令

温勒内　　　日晷
———　　　———
村庄名　　　时钟

**占地面积: 22公顷, 200个地块,
土地持有者不尽相同
约翰·约瑟夫·普朗在温勒内
日晷的土地面积: 5公顷**

("普朗" 这个名字是摩泽尔河
地区的百年纪念地。有7个酒厂
以 "普朗" 命名, 但只有
一个约翰·约瑟夫·普朗。)

Joh. Jos. Prüm

Wehlener Sonnenuhr
Auslese

陈年后的甜型葡萄酒

糖是葡萄酒的防腐剂
这就是为什么摩泽尔的甜型
葡萄酒法国苏玳酒、葡萄牙波特酒
都以巨大的陈年能力闻名遐迩。

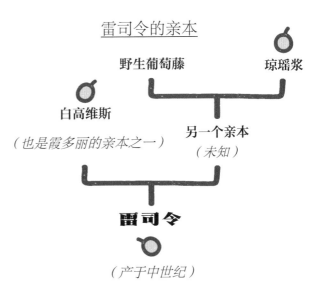

雷司令的亲本

野生葡萄藤　　琼瑶浆

白高维斯
（也是霞多丽的亲本之一）

另一个亲本
（未知）

雷司令

（产于中世纪）

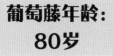

葡萄藤年龄：
80岁

未经嫁接
（无美洲葡萄藤砧木）

泥盆纪的
灰色板岩

坡度：70%

摩泽尔河

照片：©Weingut J.J. Prüm

著名的泥盆纪板岩

据说，这一地区的雷司令所散发出
强烈的矿物气息和花香，正是源于
这一地区的土壤。

小艾玛和法国驻华大使
白林共同参观高家农场。

远离沙漠的天堂

危楼高百尺，手可摘星辰。
不敢高声语，恐惊天上人。

李白《夜宿山寺》

7岁的小艾玛（Emma）牵着法国大使的手，带着大使参观高家的农场。在这里，小鸡、小马、绵羊和山羊在田园诗般的葡萄园和果园中悠闲漫步。白林大使（Sylvie Berman）是第一位法国驻华的女大使。中国与法国一样，是联合国安理会常任理事国。看着眼前的景象，她不禁感叹："这就是天堂啊。"小女孩抬头看着大使，眼里满是悲伤与不舍："但很快，我们将不再拥有它了。"

那位小女孩是她外祖父的梦想继承人。在1999年，外祖父高林当时负责管理一家大型国有农场的葡萄种植。作为宁夏官方代表团的一员，他曾造访法国。当他看到法国葡萄园风光绮丽，他也梦想着有一天能在宁夏贺兰山脚下种植自己的葡萄。但他不知道的是，有一天他的外孙女会实现他几近毁灭的梦想。

世纪勇士这个系列用兵马俑形象作为酒标。兵马俑来自秦朝（公元前221年—公元前207年），秦始皇是统一中国的第一个皇帝。这个系列的酒致敬了守护祖国疆土的勇士们。

在20世纪90年代中期，高林在俄罗斯工作了5年后回到中国。在俄罗斯期间，他创办了一家出口公司，并带着女儿高源（Emma）到圣彼得堡大学学习经济学。回到宁夏后，他开始寻找种植葡萄园的理想地块，并问女儿是否有兴趣到法国学习酿酒。高源对葡萄酒知之甚少，但天性爱冒险的她毫不犹豫地同意去了。她将志愿设立为波尔多大学的酿酒学系，这个志愿可不简单：数百名申请者中，仅有30人能被录取。这是一个雄心勃勃的目标。最后，优秀的高源不仅被录取了，毕业后的她还得到了在著名的凯隆世家酒庄（Calon-Ségur）宝贵的实习机会。

高林在宁夏银川市附近购买了一个6475平方米的苹果园，并重新种植了葡萄藤。在等待女儿高源完成学业期间，他和妻子打理着家里的葡萄园。葡萄藤种植分布很广，泥土可以覆盖藤蔓——这是葡萄藤在寒冷的冬天和强劲的西伯利亚风中生存下来的唯一方法。但当高源回到中国时，由于农场太小，无法养活全家人，高源只能加入西班牙桃乐丝家族创立的著名葡萄酒经销商桃乐丝中国公司（Torres China），并担任一名销售代表。

八世纪（唐代）的
中国诗人李白将传统诗歌
带上了一个新高度。

他的诗大多围绕歌颂友谊、
探索自然以及饮酒作乐等
主题展开。

注：周亮 绘

"说实话，尽管高源女士明显缺乏资金支持，但我认为她是我见过的最富有活力的葡萄酒酿酒师。"

葡萄酒大师简希丝·罗宾逊

一天，高源与桃乐丝的中国首席执行官阿尔贝托·费尔南德斯（Alberto Fernandez）分享了她们家酿制的2007年份的阙歌（Summit）赤霞珠混酿葡萄酒。品尝过后，阿尔贝托称，这是"我尝过的最好的中国葡萄酒"。从此一个关于银色高地葡萄酒的传说开始了。关于"银色高地"这个酒庄名的起源，当初取名"银"字，为纪念宁夏的首府银川，以及取义"高地"，指代附近贺兰山，因为贺兰山保护着葡萄园免受沙漠狂风侵袭。银色高地在中国的五星级酒店里出售葡萄酒，并迅速成为中国第一家精品酒庄。

高源离开了她的销售工作后，返回银色高地负责酿酒工作。但不幸的是，她与父亲母亲以及姐姐共同奋斗的喜悦是短暂的。随之而来的是银川市的土地开发。2013年，这个小小的家庭农场因影响了开发计划，当地政府通知收回土地。

高源女士向桃乐丝
集团中国首席执行官
阿尔贝托·费尔南德斯
先生展示她的
葡萄酒。

　　法国驻华大使白林和庄主没有轻易放弃。说着一口流利的普通话的白林大使引用了毛主席的名言"妇女能顶半边天"鼓励了家族，并马上回到了北京进行多方沟通。沟通的结果是，高林与当地政府达成了协议：高家把原来的农场变成了酒庄博物馆和游客中心，银色高地酒庄和葡萄园搬到贺兰山的东坡——金山，坐落在有着著名的万年岩画的贺兰山岩画遗址公园旁边。

　　相比起位于银川的老葡萄园而言，高源更喜欢新葡萄园。当谈到新葡萄园的条件时，她满是自豪——干燥的气候、冲积土壤、碳酸钙、沙子和碎石的混合物，这些都为有机种植提供了可能。今天，高源的女儿小艾玛与她在葡萄园一线并肩奋斗。对于未来，高源有着如她父亲高林一样的远见。在一个凉爽的清晨，眺望着雄伟的贺兰山，她告诉《纽约时报》的记者："我们不会为一二年而投资，我们要做的是为百年计划投资。未来，一代又一代的人将会在这里酿造葡萄酒。"

　　酒庄新任命了经验丰富的马尔科·米拉尼（Marco Milani）作为首席执行官。展望未来，银色高地葡萄酒文化中心即将揭幕，一个与时俱进的新酒庄即将落成。

银色高地酒庄有两个主要的地点：

金山葡萄园，

其中包括酒庄和农场，以及

夏营子葡萄园

（金山葡萄园以北 9 千米）。

银色高地新葡萄园的土壤类型为
宁夏冲积土重的灰钙土，它由砾石、沙和
黏土混合物组成，

可使葡萄藤扎根更深，

为葡萄藤提供一个安稳的家。

宁夏回族自治区的名字，

体现了这是回族人民的家园。
回族遵循不同于中国其他
省份的习俗和传统。宁夏大部分

葡萄园工人都是回族妇女，

她们常常戴着色彩夺目的头巾，
在工作时，她们格外注重效率，
对细节尤其关注。

从风土到酒瓶

葡萄园位于
中国宁夏的金山村

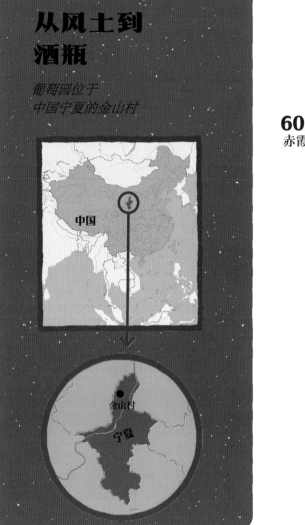

中国

金山村

宁夏

混酿的葡萄品种

40% 梅洛

60% 赤霞珠

阙歌红葡萄酒是一款传统的波尔多
风格混酿葡萄酒。它以一首突出宁夏
人民精神的中国古诗命名，代表着高氏
家族生产世界级葡萄酒的决心。

搭配推荐：烤牛排、烤羊肉、
烤鹅肉、香酥鸽肉、北京烤鸭、
烤茄子、烤香菇或松露意面。

宁夏的冬天非常寒冷。每年秋天，
葡萄藤都要在深层冻结前进行修剪并埋起来。

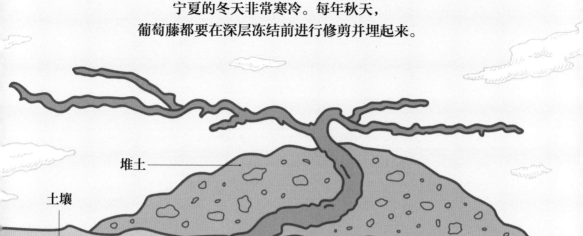

堆土

土壤

埋藤

每年4月，他们又把葡萄藤挖出来，固定在搭架上。

{ *在最初的几年里，高源和母亲会站在
葡萄藤上，把它们一个个压下来，这样高林
就可以在上面铲土覆盖了。* }

生物动力农业的中国诠释

高源认为鲁道夫·斯坦纳的欧洲生物动力农业的概念与
中国传统文化有许多相似之处，包括中国古代农历按照节气的
农作时间表。两者都遵循太阳和月球的运动，以及它们与地球上
生命的关系。高源是太极的痴迷爱好者，太极拳是一种中国武术，
灵感来自阴阳的概念。她认为，了解葡萄园的阴阳，
就像了解太极拳一样，需要不断练习。

DOMAINE LEFLAIVE

勒弗莱蒙哈榭园

酒中之后
勃艮之雅

那个爱上
葡萄藤的女孩

"人类智学并不寻求传授知识，而是寻求唤醒生命。"

鲁道夫·斯坦纳

1973年夏天，17岁的安妮-克劳德·勒弗莱（Anne-Claude Leflaive）带着年复一年的兴奋，去到她在勃艮第的家族葡萄园。她在葡萄园里蹦蹦跳跳，仿佛自己正走在阳光普照的葡萄小天堂里。她没曾想到，有一天这将成为她的宿命。

直到很久很久以后，这种宿命才在安妮-克劳德身上逐渐显现出来，并给她带来了一个独特的挑战。

安妮-克劳德的叔叔乔（Jo）不喜欢看到她在葡萄园里工作："你不应该和员工们一起在葡萄园里工作。你身为一名勒弗莱贵族，这样做是很不合适的。"

但安妮-克劳德的父亲文森特（Vincent）给了她信心。他支持并允许她参与勒弗莱葡萄园的日常工作。在葡萄园工作的那一年里，安妮信心大涨。她深信，日后她将用生物动力法来彻底改变这片土地。

*葡萄根瘤蚜给欧洲的
葡萄园造成了严重破坏。*

莱弗莱家族于1717年在勃艮第定居。但该家族在酿酒业的声望一直平平无奇，直到后来约瑟夫·勒弗莱（Joseph Leflaive, 1870—1953）的加入才开始为人所知。约瑟夫是一名海军工程师，他在圣艾蒂安（Saint Etienne）经营一家工厂，并于1905年购买了25公顷葡萄园。

20世纪初，由于葡萄根瘤蚜的疯狂肆虐，人们可以非常低的价格购买勃艮第的葡萄园。这种寄生虫造成的灾难威力巨大，它可以在短短3年内，致使葡萄植株完全死亡。

1920年，约瑟夫开始重新种植他的土地，并以自己的酒标出售葡萄酒。1953年，在他去世后，他的孩子文森特（Vincent）和小约瑟夫（Joseph, Jr）继承他的事业，努力提高葡萄酒的质量，将他们的土地定位为勃艮第最重要的葡萄园之一。

然而，真正的革命由安妮-克劳德·莱弗莱带来。她曾在巴黎攻读经济学，完成学业后，安妮投身于教职工作。她与丈夫克里斯蒂安·雅克（Christian Jacques）经常周游世界各国。雅克是一名航海教练，也是三个女儿的父亲。

在摩洛哥和科特迪瓦生活了一段时间后，有一天，安妮突然感到自己迫切需要

回到法国家人身边。她立即递交了申请，到第戎大学（University of Dijon）学习酿酒学。

1990年，安妮和她的家人搬到了普里尼-蒙哈榭，开始和堂兄奥利维尔（Olivier）一起管理勒弗莱酒庄（Domaine Leflaive）。这场革命始于一个绝妙的想法：生物动力法。

此前，勒弗莱酒庄在1987年和1988年的收成惨不忍睹。眼看着这片土地似乎即将失去原有的发展方向，安妮认为，鲁道夫·施泰纳（Rudolph Steiner）关于生物动力农业的想法可能是解决他们葡萄园停滞不前的唯一可行办法。

但是生物动力法不单单是一种耕作和收成的方法，它的内涵远大于此：它是一种生活哲学。然而，对该地区的许多人来说，生物动力法几乎是对葡萄种植传统的一种亵渎。据安妮说，她的堂兄奥利维尔也如是认为。这一问题成为他们两人之间的一大鸿沟。

尽管如此，安妮还是坚持不懈，用她的新方法试验了3年：用生物动力法和传统技术双管齐下生产葡萄酒。

"我知道这是地球的未来……这是一种对抗污染的方法。污染不仅发生在地球和大气上，也发生在人类身上。

农药终结了葡萄园土壤里的生命，也让酒液里灌满了那种化学物质。"

安妮-克劳德·勒弗莱（1956—2015）

结果表明：土壤通过生物动力法得到了转化。葡萄植株的健康度提高，品质明显改善。

但奥利维尔依然不为所动，他和堂妹决裂在即。1994年，勒弗莱庄园进行分割，安妮全心全意地投入在葡萄园上，并打算永远改造它。

1997年，安妮邀请了来自英国的著名葡萄酒专家科尼和巴罗（Corney & Barrow）来品尝两杯葡萄酒。这两款酒都来自同一葡萄园和年份：1996年的普里尼-蒙哈榭克拉维蓉园（Clavoillon）。一杯是用传统方法生产的葡萄酒，另一杯是用生物动力法生产的葡萄酒。

专家们一致认为，这杯生物动力法生产的葡萄酒显然更胜一筹。

从那一年起，整个勒弗莱庄园都转为生物动力耕作法，安妮成为葡萄园里一名不知疲倦的抗农药斗士。

生物动力农业包括
葡萄栽培的方方面面：
生态、经济和社会。

自20世纪90年代中期至今，
勒弗莱庄园的生产全都按照
生物动力法
进行。

蒙哈榭勒弗莱葡萄园于
1937年
被宣布为
"**特级园**"。
跟其他特级园唯一的
不同点是这里允许
种植霞多丽。

蒙哈榭勒弗莱葡萄园
生产世界上
最贵的
霞多丽葡萄酒，
取决于葡萄年份，
一瓶售价在
5000
~
40000美元

蒙哈榭的首个

葡萄园

首次栽种于

13世纪。

勒弗莱酒庄是唯一一个在收成期间对

工人

进行充分资源整合与高效统一调配的酒庄。

（
每年收成期间，有60名工人负责采收勒弗莱葡萄园的葡萄，
此外，像以前那样，葡萄园管工人们的三餐吃喝并提供休息场所。
顺便提一句，他们喝的是世界上最优质的霞多丽葡萄酒。
）

葡萄园里的生活

"所有的行星都围着太阳转，而太阳却围着一把葡萄转，就好像它在宇宙中无事可做似的。"

伽利略

生物动力法是对生物背后的生命过程的研究。同理，根据人类智学创始人鲁道夫·施泰纳（Rudolf Steiner）的理论，生物动力农业是基于理解生态系统运作规律之上的一种土地耕作的方式。

生物动力法寻求连接地球和宇宙的过程，以影响地球上的生命。生物动力法认为，植物作为一种生命体，不仅需要从地球的不同层吸收能量、水和营养物质，还需要与太阳和月亮的运行规律相联系。所有这些要素的结合构成了地球上的生命有机体。

**"要想真正了解这个世界，
就要深入审视自己的内心；要真正了解自己，
就要对这个世界真正感兴趣。"**

鲁道夫·斯坦纳

这就是为什么在生物动力法中，必须避免任何破坏地球自然平衡发展的行为，例如使用杀虫剂、工业除草剂或进行转基因。

生物动力农业涵盖了农业的所有方面：生态、经济和社会，包括使用生物动力制剂、景观技术措施、轮换耕种作物等。

例如，以下是用于为土地增肥的生物动力法——听起来更像是中世纪入门级炼金术或科幻电影中的公式，但它带来的结果却能得到它的使用者的强烈支持：

将磨碎的石英盛在牛角里。春埋角，秋采角。将一汤匙的石英粉与250升水进行混合，在雨季时低压喷洒在葡萄藤上，防止真菌引起的疾病。

从风土到
酒瓶

*葡萄园位于
勃艮第地区伯恩镇附近的伯恩丘*

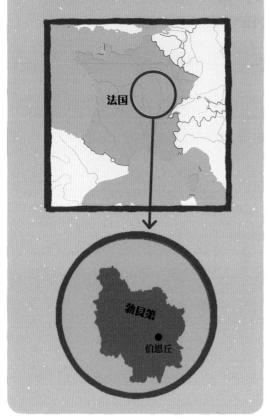

法国

勃艮第

伯恩丘

霞多丽的亲本

黑皮诺   白高维斯

霞多丽

*在酒庄里常常可以看到酒庄
将红葡萄酒品种与白葡萄酒品种
进行混酿，产生白葡萄酒。*

100%
霞多丽

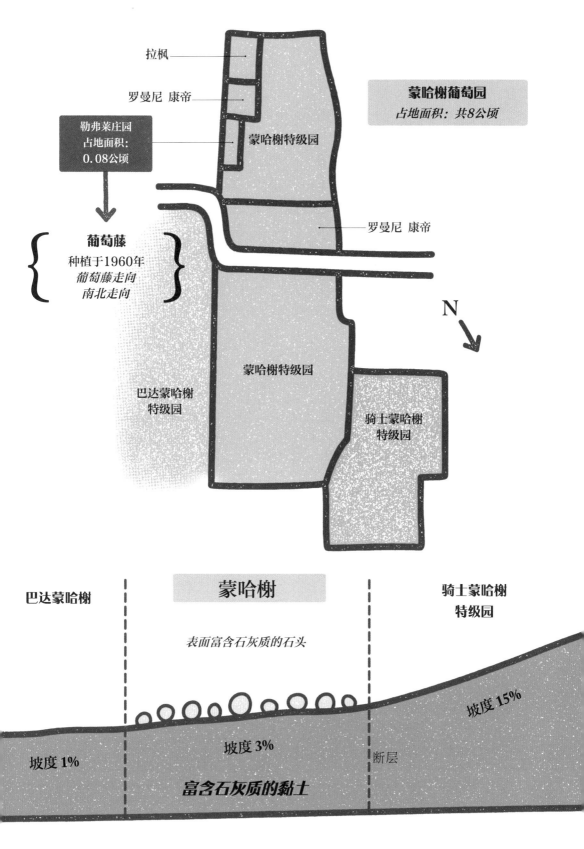

拉枫

罗曼尼 康帝

勒弗莱庄园
占地面积：
0.08公顷

蒙哈榭特级园

蒙哈榭葡萄园
占地面积：共8公顷

葡萄藤
种植于1960年
葡萄藤走向
南北走向

罗曼尼 康帝

N

蒙哈榭特级园

巴达蒙哈榭
特级园

骑士蒙哈榭
特级园

巴达蒙哈榭

蒙哈榭

骑士蒙哈榭
特级园

表面富含石灰质的石头

坡度15%

坡度1%

坡度3%

断层

富含石灰质的黏土

澳大利亚

★ 伊甸谷 ★

HENSCHKE

神恩山葡萄园

旧世工艺
澳洲绽放

征服应许之地

**"有时你必须穿过一片荆棘密布的荒野，
才能到达应许之地。"**

约翰·毕瑟维

　　约翰·克里斯蒂安·翰斯科（Johann Christian Henschke）一点点地明白：是时候离开他所熟悉的世界，去寻找那片充满前景的应许之地了。因为对于像他这样真正的中欧西里西亚路德教徒来说，普鲁士国王腓特烈·威廉三世（Frederick William Ⅲ）做出的宗教决定是无法容忍的——君主的真正目的是镇压翰斯科家族所属的传统路德教派。

　　不，他们没有别的选择。他们必须永远离开……

1841年7月3日，约翰·克里斯蒂安·翰斯科（Johann Christian Henschke）、他的妻子阿波洛尼亚·威廉敏（Appolonia Wilhelmine）以及他们的三个孩子共同登上了开往南半球的盾牌号船（Skjold）。这是一个巨大的机会，但也许是他们最后的机会。

丈夫和妻子盲目地相信：上帝将给他们带来奇迹。"澳大利亚"对他们来说，只是一个词，但这个词却能决定他们的未来。

于是，对此深信不疑的约翰·克里斯蒂安把自己的家交给了上帝。仅有10个月大的女儿约翰娜·路易丝（Johanna Luise）在港口等待时不幸去世后，他告诉自己，需要更加坚定信念，抵达澳大利亚。

然而，妻子阿波洛尼亚被女儿的离世所深深打击，在她身边只剩下三个孩子，怀着极大的痛苦和不确定，她登上了轮船。可在大洋的另一边，将会有怎样的命运呢？

不幸的是，阿波洛尼亚永远无法到达澳大利亚。在航行中，她和她六岁的小儿子约翰·弗里德里希（Johann Friedrich）像其他人一样死于痢疾。按照惯例，尸体将被扔进海里。约翰和他的两个儿子被迫独自面对一片未知的土地。此时，已经没有回头路。

约翰·克里斯蒂安·翰斯科在乘船途中痛失他的妻子和一名幼子。他与两个长子在澳大利亚相依为命。

刚到澳大利亚时，尽管约翰工作很卖力，但他和他孩子的未来似乎越发不确定。即便如此，他依然工作非常努力，并存有一些积蓄。在他不再期待这片应许之地的任何事物后，突然有一天，他在澳大利亚大陆南部风景壮丽的伊甸谷里，找到了自己真正的希望和救赎。

受到鼓舞后，约翰·克里斯蒂安·翰斯科在澳大利亚再婚，又生了八个孩子，并创造了可能是该国历史上最著名的葡萄园。它坐落于格纳登堡的路德教堂下，这座葡萄园也被称为"神恩山"。

1868年，约翰·克里斯蒂安和他的儿子保罗·哥特哈德进行首次收成。
根据当时保存下来的为数不多的文献描述，这款酒主要由雷司令和西拉酿制而成。
几年后，约翰·克里斯蒂安完成了家人的救赎之梦，也永久地、安详地闭上了双眼。

保罗·哥特哈德·翰斯科

1873年，保罗·哥特哈德·翰斯科（Paul Gotthard Henschke）掌管了这座葡萄园，并扩大了种植面积。在他的带领下，酒庄的产量和质量都有显著提高。除了担任庄主外，哥特哈德还有其他头衔：他不仅是一名格纳登堡教堂的管风琴手，更被村民票选为公社长官。此外，他还组建了翰斯科家族管弦乐团，他使用过的单簧管和号角一直保存到今天。

天道酬勤，翰斯科葡萄酒开始崭露头角。

1949年，约翰·克里斯蒂安的嫡亲西里尔·翰斯科（Cyril Henschke）对伊甸谷的土地进行了深入研究，并得出结论：伊甸谷是生产优质干型葡萄酒的理想之地，而非一直酿造的甜型葡萄酒！

今天的翰斯科家族成员：斯蒂芬和普鲁夫妇以及他们的孩子安德里亚斯（Andreas）、贾斯汀（Justine）和约翰（Johann）。

　　在兄长路易斯的帮助下，西里尔对庄园进行了几次翻修，打造了一个全新的地窖，用于葡萄酒发酵。

　　1958年，西里尔制作出了史上第一瓶"翰斯科神恩山"葡萄酒，标志着一个伟大传奇的诞生。对许多人来说，这瓶葡萄酒浓缩了翰斯科家族无所畏惧、兢兢业业的精神，更代表了一代又一代来澳洲移民期待翻身做主的信念成真。

　　1979年，在西里尔去世后，他的儿子斯蒂芬（Stephen）和儿媳普鲁（Prue）继承了家族遗产。从此，夫妻两人风雨同舟，成为澳大利亚有机农业和生物动力法的先驱。

　　自20世纪80年代以来，不计其数的企业来到神恩山，参访并收购了许多家族葡萄园，但没有一家企业能收购翰斯科家族酒庄。

"我已经成为一个
能够用多种语言说'滚'的专家。"

斯蒂芬·翰斯科

斯蒂芬表示："我已经成为一个能够用多种语言说'滚'的专家。"时至今日，他已经把葡萄园的命运交到他的孩子们手中。

"为什么要卖掉一处历史悠久、遗产丰厚的土地呢？而且在经历了六代人之后，我们觉得自己就像一个伟大的博物馆馆长。"毕竟，为了拯救家族和后代，约翰·克里斯蒂安在六代人之前就成为探路者，踏上了未知的道路。

斯蒂芬·翰斯科说："先辈的奋斗史和这座葡萄园是我们家族的生活方式，这种方式非常美好。"

传承生物动力法的
一代人

"自从开始采用生物动力法，我感受到我们葡萄园里
所有的酒都展现出了更浓郁的香气和更饱满的酒体。"

普鲁·翰斯科

神恩山葡萄园中最古老的地块可以追溯到1860年，并且在种植过程中没有使用藤杆进行辅助。这个地块被称为"祖父之地"，有着世上最古老的葡萄藤之一。

神恩山葡萄园海拔400米。

这里的土壤类型为冲积土，由于含铁量高，土壤呈红色。此外，神恩山葡萄园昼夜温差很大。

葡萄园的
土壤
呈红色是因为
含铁量高

26
Fe
55,845

一瓶翰斯科神恩山
酒的价格在
400
~
700美元

今天,
斯蒂芬(酒商)和
他的妻子普鲁
(酿酒师)构成了
神恩山酒庄的
第五代
继承人。他们与三个
孩子、酒庄的
第六代
传承人:贾斯汀、约翰和安德里亚斯
一起管理着家族产业。

葡萄园采用
有机和生物动力
技术
进行栽培。

从风土到
酒瓶

葡萄园位于澳大利亚
南部巴罗萨谷上部的伊甸谷

澳大利亚

南澳大利亚产区

凯尼顿

混酿的葡萄品种

100%
设拉子

杏子

巧克力

黑莓

HENSCHKE

Hill of Grace

VINEYARD

EDEN VALLEY

WINE OF AUSTRALIA 750ML

"神恩山"

是德语"格纳登堡"
（Gnadenberg）的
英文翻译。

伊甸谷的教堂
距今已有150年的
历史了。

为什么称为"设拉子"而非"西拉"?

两种不同叫法的葡萄品种均源自法国:"西拉"是法国罗纳河谷地区最著名的红葡萄品种;传入澳大利亚后,当地人在栽种时决定对它的名字稍加改变,称作"设拉子"。

冲积土的起源
富含铁的红土

在最古老的"祖父之地"地块里栽种着150岁的著名老藤。

照片:丽莎·佩罗蒂·布朗(Lisa Perrotti Brown)

生物动力栽培

(葡萄园行间栽种
原生态草场)

占地面积:**4.55公顷**

(海拔: 400 ~ 500 米)

邮政大楼1号
占地面积:
0.51 公顷
首次种植于
1910 年

教堂之地
占地面积:
0.74 公顷
首次种植于
1952 年

风车之地
占地面积:
0.88 公顷
首次种植于
1956 年

6个区域或地块的组合,由于它们的土壤类型不同,产量也非常不同。

祖父之地
占地面积:
0.69 公顷
首次种植于
1860 年

邮政大楼2号
占地面积:
0.57 公顷
首次种植于
1965 年

家园之地
占地面积:
1.08 公顷
首次种植于
1951 年

嘉雅酒庄圣洛伦索南园

皮埃蒙特
圣杯重现

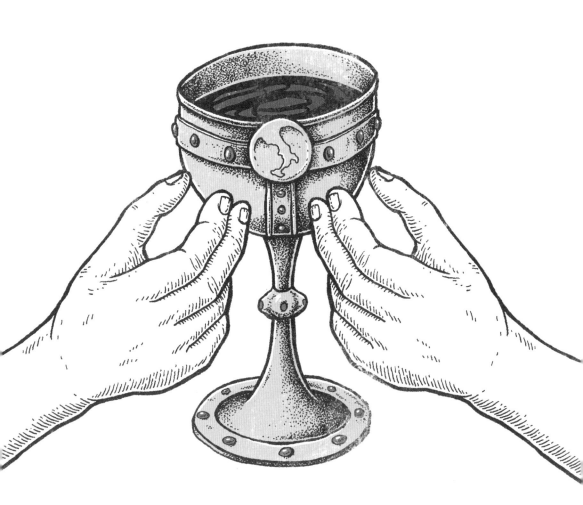

争相收藏的
意大利美酒

"出生在美酒产地的人会获得无穷的快乐。"

列奥纳多·达·芬奇

　　在中世纪的传说中，公元三世纪时，在最后的晚餐上，耶稣使用过的酒杯——"圣杯"被送到了烈士圣洛伦索之处，并被人保护在一个安全而保密的地方。

　　纵观人类历史，"圣杯"象征着"神圣与神秘之物"，它拥有超自然的力量，能产生让人感到不可思议的启示。

　　譬如，也许，只有葡萄和葡萄酒，才拥有与圣杯相类似的神秘力量。

皮埃蒙特的盾徽
"嘉雅家族"来自
西班牙。

也许，皮埃蒙特的一款名为"圣洛伦索"——圣杯持有者同名葡萄酒，是一个很有启示意义的巧合。圣洛伦索常年赞助阿尔巴大教堂（Cathedral of Alba），而这座教堂就在安吉洛·嘉雅（Angelo Gaja）于1964年收购的葡萄园附近。

三个世纪以前，嘉雅的祖先踏遍整个西班牙，徒步穿越比利牛斯山，抵达法国后继续东行，最终到达阿尔卑斯山的另一边——意大利皮埃蒙特。

1859年，27岁的乔瓦尼·嘉雅（Giovanni Gaja）在巴巴列斯科定居多年后，创立了这座书写意大利葡萄酒历史的酒庄。

"约翰·韦恩眼中的赤霞珠，
就好比马塞洛·马斯楚安尼眼中的内比奥罗。"

安杰罗·嘉雅

嘉雅家族拥有一个名叫"蒸汽"（Vapore）的餐厅。不久后，他们在"蒸汽"餐厅生产并销售自己的葡萄酒，以进行传统意大利菜肴的餐酒搭配。起初，他们只把酒卖给用餐的客人和周围的邻居。但很快，嘉雅家族开始在整个巴巴列斯科地区销售葡萄酒，并逐渐吸引了一批忠实客户——这些客户在家里长年累月都喝嘉雅葡萄酒。

1912年，当嘉雅家族决定卖掉餐厅时，他们在当地已经积累了一大批葡萄酒追随者。当然，这也成为他们日后成功的关键因素之一。

1937年，"嘉雅"这个名字首次出现在酒标上，用的是红色的大写字母。家族传说就此开始。

几年后，安杰罗·嘉雅（Angelo Gaja）出生。谁也想不到，日后他成为巴巴列斯科地区革命的领袖，并将他的家族酒庄扩大到了阿尔巴小镇之外。

据安杰罗说，他的一切都归功于他的祖母克洛蒂尔德·雷伊（Clotilde Rey）。克洛蒂尔德负责建立酒庄的高标准的质量体系和严格的工作制度，她把这些经营理念灌输给年轻的安杰罗·嘉雅。

"蒸汽"餐厅开业，随后家族开始生产葡萄酒。

Giovanni GAJA—乔瓦尼·嘉雅　VARORE—蒸汽

> 安杰罗·嘉雅说："工匠是向自己
> 家族不断学习的人。我上过父亲的学校，
> 学校里有酒窖，也有许多葡萄园。"

如今，
嘉雅酒庄以

传统方式

发酵葡萄酒。
相比起现代葡萄 5 天的
发酵时间而言，嘉雅酒庄的
葡萄发酵时间长达 30 天。
整个发酵过程在有着

120 岁

高龄的斯洛文尼亚老橡
木桶中进行。

"它让我联想到
罗曼尼·康帝和木桐-罗斯柴尔德
葡萄酒的味道。"世界最著名的
葡萄酒评论家小罗伯特·帕克
（Robert Parker, Jr.）在谈到
嘉雅酒庄的圣洛伦索南园
（Sorì San Lorenzo）时说。

佳雅·嘉雅（Gaia Gaja）
是安杰罗·嘉雅的
女儿，也是嘉雅酒庄的全球代言人。
她和妹妹罗珊娜（Rosanna）
和弟弟乔凡尼（Giovanni）
一起经营酒庄业务。

阿尔巴（Alba）市以其
白松露节而闻名。

　　安杰罗回忆起祖父告诉他的一句话："在一生中，男人很有可能会遇见比自己更好的女人，那该怎么办呢？"我的祖父很有智慧。"安杰罗说："他让他的妻子帮他经营生意。"

　　安杰罗的祖母克洛蒂尔德出生在离法国边境几英里远的一个普通的农村家庭。一直以来，她为了实现当老师的梦想而不懈努力。尽管如此，婚后的她一心辅佐丈夫，迅速上手管理酒庄的财务、投资和外联。她的辛勤付出令整个家族的业务如日中天。1961年，当克洛蒂尔德去世时，她倾尽心血的嘉雅酒庄的成就和影响力在整个巴巴列斯科独占鳌头。

　　在祖母去世那年，安杰罗从意大利阿尔巴葡萄栽培与酿酒学院毕业。毕业后，他选择在法国南部的蒙彼利埃继续深造葡萄酒。进修结束后，他返回意大利皮埃蒙特，报考了都灵大学，攻读经济学。

"优雅，无需完美。"

安杰罗·嘉雅

跟任何革命者一样，安杰罗经常与他的父亲发生冲突，冲突的点是：安杰罗的父亲对于皮埃蒙特的葡萄种植思想非常保守。

当安杰罗决定在巴巴列斯科种植赤霞珠时，他与父亲发生了此生最大的矛盾：他赌气地把种植的地块命名为"真可惜"（"Darmagi"）——这是他父亲第一次听说安杰罗要种植赤霞珠的提议时对他说的话。事实证明，父亲是对的：产自罗斯海岸（Costa Russi）的一种当地葡萄品种内比奥罗（Nebbiolo）比赤霞珠更能适应当地的气候条件。在此之后，安杰罗最优质的两个葡萄园：苏里·蒂丁园（Sorì Tildìn，以祖母克洛蒂尔德的名字命名）以及圣洛伦索园也正是因为种植出了口感和品质卓越的内比奥罗，而让嘉雅家族和巴巴列斯科美名远扬。没错，正是在那些藤蔓交错、韬光养晦的葡萄树根里，安杰罗找到了他的圣杯。

"在这里，你会看到不同人对待内比奥罗的细微的宗教差异。我了解到，有些酒庄会选择在周日照料自己的葡萄园而不是去做弥撒。"庄主安杰罗·嘉雅的得力助手费德里科·科塔兹（Federico Curtaz）分享道："也许，照料葡萄园也是他们崇拜上帝的方式。"

安杰罗·嘉雅在葡萄园里

从风土到酒瓶

葡萄园位于意大利皮埃蒙特地区阿尔巴市附近的巴巴列斯科

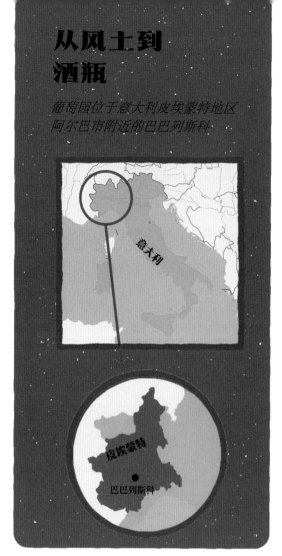

意大利

皮埃蒙特

● 巴巴列斯科

内比奥罗葡萄于13世纪首次进入大众视野。

"内比奥罗"（Nebbiolo）一词来源于意大利语的"雾"（nebbia），这是一种在皮埃蒙特常见的天气现象。

内比奥罗需要充足的阳光才能成熟，因此这个品种经常种植在山坡上。

内比奥罗葡萄酒酸度高且单宁饱满，这是嘉雅酒庄圣洛伦索南园可以很好地陈年数十载的原因。

单一葡萄品种
（自2013年起，以巴巴列斯科产区的名义）

**100%
内比奥罗**

GAJA

SORI SAN LORENZO
1999

LANGHE

2016 年，安杰罗的女儿佳雅·嘉雅和她的妹妹罗珊娜以及弟弟乔瓦尼回归巴巴列斯科产区风格，他们决定采用 100% 内比奥罗，包括圣洛伦索南园，但不同葡萄园可以呈现不同风格。这也就意味着从 2013 年起，嘉雅酒庄圣洛伦索南园只采收内比奥罗酿酒。

混酿的葡萄品种
（1996—2013年，朗格）

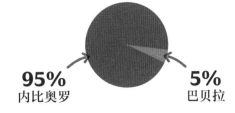

95%
内比奥罗

5%
巴贝拉

20 世纪 90 年代末，安杰罗·嘉雅决定在嘉雅酒庄的圣洛伦索南园、苏里·蒂丁园以及罗斯海岸葡萄园停止以巴巴列斯科产区的名义进行生产，这是因为使用巴巴列斯科产区名义时，必须完全使用内比奥罗酿造葡萄酒，而安杰罗反对这种限制。他希望像他的父亲以及祖父一样，再加入一点比例（4% ~ 5%）的巴贝拉品种。但自 20 世纪 60 年代以来，巴巴列斯科产区就禁止使用这个品种。

Sorì
在皮埃蒙特方言的意思是
"朝南的山坡"。

圣洛伦索
是阿尔巴城（Alba）神圣守护者的名字。

意大利松露之都

土壤类型：
沙、粉沙和黏土的混合物

葡萄园位于山坡上，充分接受阳光照射

塔纳罗河
（保护葡萄园免遭强劲
北风的影响）

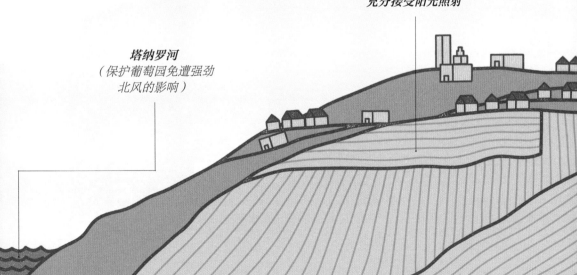

法国

★ 罗纳河谷罗蒂丘 ★

E. GUIGAL

慕琳尼酒庄

红白魔法
酒中寻觅

罗蒂丘　吉佳乐

罗纳河谷的
灵魂之地

"要衡量一个人的灵魂，就看他的欲望有多大。"

古斯塔夫·福楼拜

美酒的故事从哪里开始呢？是在什么时候，那成百上千的元素——太阳与时间的炼金术、泥土与风的炼金术——组合在一起，创造出那充满魔力、难以言表的美味与欲望呢？

这一项重大冒险的真正起点又在何处？

在第一次世界大战结束后，罗纳河谷正慢慢恢复它从前的辉煌，这是一个起源于罗马时代的葡萄园产区。一战后，整个欧洲都遭受严重的饥荒，许多种植者废弃了在北罗纳河罗蒂丘山坡上的葡萄园，或以更容易耕种的果园取而代之。就在这时，一个小男孩和他的家人在这里定居。很快，小男孩每天骑着心爱的小自行车，穿梭于山谷之间，乐此不疲地把货物从一个山坡运到另一个山坡。一天下午，当整个山谷沐浴在灿阳之中，这位年轻人骑着自行车来到一个村庄。他停下了脚步，从自行车上跳下，眼前的景色让他痴迷不已：在罗蒂丘的陡坡上，古老的石头梯田层层叠叠，长满了绵

延不绝的葡萄藤。这位年轻人的名字是艾蒂安·吉佳乐（Etienne Guigal）。在那一天，他为自己的梦想种下了种子：酿造葡萄酒，种植自己的葡萄园。

罗纳河谷地形的起源可能发生在几十亿年前，在两大山脉——中央高原和阿尔卑斯山脉的巨大碰撞中形成。这场剧烈的板块运动改变了欧洲大陆的地貌，也使大量的地中海水渗透到了法国南部。

再近一点，也就是3亿年前，频繁的火山活动使得北罗纳河沉积了大量的花岗岩。在南罗纳河，大量的钙质沉积物逐渐形成了今天的当黛儿德蒙米埃尔山脉（Dentelles de Montmirail）。

当黛儿德蒙米埃尔山上令人眩晕的60度陡坡确保了地中海的阳光对山坡的强烈照射。正是由于地形的特殊性，当地人称梯田在太阳底下进行"烘烤"，这就是"罗蒂丘"的本意。

在这里的葡萄藤深深扎根，努力探索地球深处，它们在纷繁的矿物质中寻找到了氧化铁。山上凉爽的风保持着葡萄的干燥，防止它们腐坏。在这些陡峭的山坡上种植葡萄园困难重重，但回报是巨大的。

　　我们永远不会知道这位跟随罗马人来到罗纳河定居的勇者的名字。但在那个山谷里等待着他的，是漫山遍野的西哈葡萄。

　　不久后，俄国沙皇、法国国王和欧洲贵族开始纷纷寻找神奇的罗纳河谷葡萄酒。罗马和阿维尼翁的教皇也随即加入了觅酒行列。

　　维达–芙丽（Vidal-Fleury）是该地区最古老的酒庄。酒庄资料证实了这段历史：资料包含许多订单，他们来自著名的葡萄酒买家，比如托马斯·杰斐逊（Thomas Jefferson）、美国驻法国大使以及未来的美国总统等。

"26年来，我一直在参观葡萄园，会见它们的主人。但像马塞尔·吉佳乐这样对追求质量如此狂热的酿酒师，我在世界上找不到第二个。"

小罗伯特·帕克

　　相传，罗纳河谷葡萄园与一个贵族的命运交织在一起。故事的主人翁是毛吉隆（Maugirón）先生，他有两个女儿，一个金发，一个黑发。父亲将位于河谷南侧的"金黄山丘"（La Côte Blonde）赠予他金发碧眼的女儿。这座葡萄园富含钙质和二氧化硅，能生产出单宁柔滑、口感优雅的葡萄酒。他又将位于河谷北侧的"深邃山丘"（La Côte Brune）赠予他秀发乌黑发亮的女儿。这座葡萄园的土壤类型为黏土，含大量氧化铁，可以酿出酒体饱满、浓郁度高、陈年潜力强的葡萄酒。

　　吉佳乐的慕琳尼酒庄诞生于南罗纳河的金黄山丘上。

金黄山丘

艾蒂安·吉佳乐和他的儿子马塞尔，背后是昂皮酒庄。

今天在罗蒂丘，"吉佳乐"这三个字无人不知、无人不晓。这是一位曾经骑上自行车、爱上阳光斑驳的山坡、在葡萄园里辛勤劳作20年、于1946年买下自己的土地并创造出一代传奇的追风少年。起初，当他努力改变整个葡萄园的生产和营销过程时，许多河谷的人都认为他疯了。在诸多的创新中，他另辟蹊径，开创山谷运输路线，提高了分销效率。他还在橡木桶中发酵葡萄酒长达42个月，比河谷里任何其他酒庄都久。

不久，艾蒂安·吉佳乐的儿子马塞尔（Marcel）加入了父亲的葡萄酒变革之路。不幸的是，艾蒂安发生了意外：1961年，他双目失明。

从此，子为父目，父子俩团结一致，成了罗纳河谷无可撼动的强大力量：他们不仅管理着自己的酒庄，也领导着他们地区的酒庄进行变革，朝着高质量的葡萄酿造奋力生长。

几年后，吉佳乐家族收获了卓尔不群的国际声誉。随后，他们在自己的土地上建造了一座真正的罗马别墅，有中庭、喷泉、雕像，以及美轮美奂的花园。

20世纪80年代中期，吉佳乐家族买下了古老的酒庄维达–芙丽。也正是在这个美丽的葡萄园里，年轻时的艾蒂安第一感受到强大的心灵触动，并迈出进军葡萄酒世界的第一步。

1995年，他们买下了著名的昂皮酒庄（Château d'Ampuis），这座葡萄园坐落在高海拔地区，可以俯瞰整个罗纳河谷。

2001年，他们陆续在艾米塔基（Hermitage）、圣–约瑟夫（Saint-Joseph）和科罗佐–艾米塔基（Crozes-Hermitage）进行了葡萄园收购。此后在2006年，他们还购入了博赛酒庄（Bonserine）。家族的收购步履未曾停歇。

故事到这里并没有结束。即使跨越了数百万年，这个故事仍然接近它的诞生之际。在今天，这片梦想之地罗纳河谷，依然隐藏着它巨大的秘密。

吉佳乐家族于
1946年
开始了他们的酿酒史。不到半个世纪的时间，
他们成为罗纳河谷的领军人物。
这在法国的葡萄酒界是非常罕见的。
因为传统的法国酿酒家庭一般
有几百年的历史，
在某些情况下甚至
长达上千年。

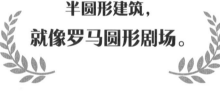

慕琳尼葡萄园种植在
陡峭的山坡上的
半圆形建筑，
就像罗马圆形剧场。

吉佳乐

吉佳乐家族
三大
知名酒庄分别为：
拉杜克，
拉慕琳尼，
拉兰当。
它们也被称为
"三个拉拉"

吉佳乐家族，
由马塞尔和菲利普领路，
他们还打造自己的酒桶，
以确保生产葡萄酒的
每一个细节都按他们
喜欢的方式进行。

吉佳乐

"罗蒂丘"名字的本意是"烘烤山坡",意思是太阳直射着陡峭的山坡,并给种植于此的葡萄带来了浓郁的香气。

从风土到酒瓶

葡萄园位于
法国罗纳河谷罗蒂丘的金黄山丘。

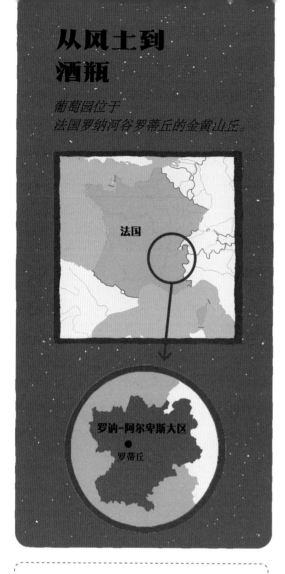

法国

罗讷-阿尔卑斯大区

●

罗蒂丘

白葡萄品种维欧尼与
红葡萄品种西哈混酿，赋予
慕琳尼葡萄酒芳香柔顺和复杂性。
正因为这个原因，慕琳尼酒庄
也被认为是女性葡萄酒。

慕琳尼酒在法国的新橡木桶中
陈年4年。慕琳尼葡萄酒香气四溢、
馥郁芬芳，即便在新桶里陈年整整
4年，橡木的味道也几乎难以察觉。

混酿的葡萄品种

89%
西拉

11%
维欧尼

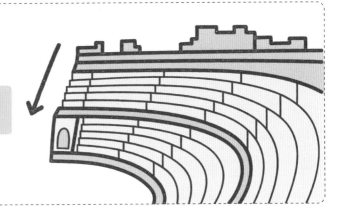

葡萄园以罗马圆形剧场的形式

位于极其陡峭的山坡

这是罗蒂丘最古老的葡萄园

有些城墙甚至
有超过2400年的历史。

自1966年起，
吉佳乐家族开始拥有
1.5公顷土地

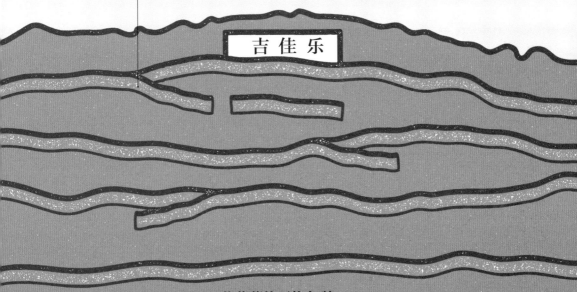

吉 佳 乐

葡萄藤的平均年龄：
*70 岁（有些葡萄可以
追溯到 1890 年）*

土壤类型：
带钙质黄土的片麻岩和花岗岩

从制造业到葡萄园

女孩悉心地照料着葡萄园：
她为它引入了山间泉水，
她的心头时刻缠绕着那长长的藤蔓。
时光流逝，
葡萄藤变得又高、又壮……

《吐鲁番的葡萄熟了》——历久弥新的中国民歌

在做重大决定之前，他总是与妻子商量。在过去的30年里，她总会向他提问重要的问题，并在他艰难的商业决策中支持他。一生当中，不确定性一直陪伴着他们。正是自律、努力和坚毅（加上他喜欢说的：相当多的运气）让夫妻两人在二十世纪八九十年代的深圳奋斗中，成为世界上软盘生产的领军人物之一。然而，在商业领域开拓了多年后，他对今天的电话感到不安。在决定缩小生意规模后，他的妻子很高兴，她终于有更多的时间高质量地陪伴家人。

（电话铃响）……丈夫："我想去新疆吐鲁番酿酒。但需要很多投资。你觉得怎么样？"

妻子："你确定？我们可是对葡萄酒一无所知。"

丈夫："你还记得80年代那首关于吐鲁番的歌吗？我当时是在一家餐馆听到这首歌的，它会让我想起过去，想起这一代人为建设祖国所做的一切牺牲。现在我们有了资源，我觉得必须为国家做点什么。"

妻子激动地问："就是《吐鲁番的葡萄熟了》……那首歌?"

丈夫："是的，那首歌，是属于我们青春的歌。我去过宁夏和中国其他著名的葡萄酒产区。但我的心在这里，在新疆。吐鲁番毕竟是中国的葡萄之都，这里种植的葡萄品种叫北醇，冬天不需要埋藤。在制造业工作了这么多年，我们很多时候不得不适应技术的频繁变化，我想把这一切抛在身后，去接近这片土地。我想建造一些可以留给子孙后代的东西。我们可以成为新疆精品葡萄酒的先驱。我想要像欧洲最好的酒庄一样生产有机葡萄酒。"

妻子："你确定?"

夫妻间的
一通电话标志着
蒲昌酒庄的诞生。

史蒂芬·斯普瑞尔（*Steven Spurrier*）

丈夫："我不完全确定。可是当我站在葡萄园里看着那些雄伟的群山时，我脑海里会响起那首歌。我觉得，我们家的命运就是要在这里酿酒。"

妻子："亲爱的，我相信你的直觉。我们以前很幸运，也许我们会再次幸运。"

新疆的葡萄园是人造奇迹。大约在两千年前，意大利和法国满地是葡萄园，葡萄酒是古代地中海饮食的重要组成部分，很大程度上是因为喝葡萄酒比喝水安全。与此同时，新疆是一片荒凉的沙漠，雨水稀少，甚至不适合人类居住。直到西汉建立了坎儿井灌溉系统——中国古代三大工程之一，与长城和大运河齐名，人类工程的巨大成就——它把这片沙漠变成了一个生产水果的宝藏之地。坎儿井灌溉系统利用自然重力从天山山脉收集冰川水。随着时间的推移，吐鲁番成为丝绸之路上最重要的战略要塞之一，成为连接中国与西方商人、僧侣和旅者的中转站。

"它酒体饱满，颜色深邃，散发着年轻天竺葵的花香以及黑色水果的气息。它让我想起了英国夏日布丁里面萦绕在味蕾的馥郁芬芳，口感饱满、富有张力，优秀的酸度带来令人垂涎欲滴的回味。这是一款酿造精良的葡萄酒。"

史蒂芬·斯普瑞尔

　　张建强先生意识到，他买下蒲昌葡萄园完全是出于感情的原因。但是，他能把自己的商业技能和电子制造技术转化为农业和酿酒黄金吗？索尼的一位副总裁曾经教过他一条非常重要的原则："品质是任何公司的生命。"为了获得高品质葡萄酒，张建强先生学会了运用"4M"原则，即：材料、机器、管理人员和思维（Material, Machine, Manager and Mindset）。

　　新疆是中国最重要的鲜食葡萄和葡萄干的产地。张建强先生知道，那里一定可以种植健康的葡萄园。蒲昌葡萄园种植于20世纪70年代，当时是政府试验基地——换句话说，园子里长着的都是老藤。

吐鲁番，古代丝绸之路的重要一站，以及意大利酿酒师洛里斯·塔尔塔利亚。

　　张建强先生清晰地知道，在法国，老藤是人们认为最好的藤，能产出最好的葡萄酒。但即便他有最合适的原材料，他也没有最合适的设备。随后，他花费数年时间，从法国和意大利选购最好的机器。现在，摆在他面前唯一的任务就是找到一个好的葡萄园经理。对于张先生和他的妻子来说，酿造健康的葡萄酒和酿造中国最好的葡萄酒一样重要：他们都用有机农业耕种方式。

　　但在全国范围内，他们找不到一个有有机种植优质葡萄酒经验的酿酒师，更不用说愿意去偏远地区工作了。幸运的是，他们找到了来中国为罗斯柴尔德男爵拉菲酒庄中国项目工作的葡萄酒顾问热拉尔·高林（Gérard Colin）。

　　高林先生为蒲昌葡萄园奠定了起步基础，并为张先生推荐了一位经理：洛里斯·塔尔塔利亚（Loris Tartaglia），这是一位在有机和生物动力农业方面有着丰富经验的意大利酿酒师，曾在世界各地工作过——阿根廷、法国、澳大利亚、南非、意大利、美国的加利福尼亚州和俄勒冈州。

　　在来到蒲昌之前，洛里斯从未试过用目前种植在蒲昌的两种格鲁吉亚葡萄品种——白羽（Rikatsiteli）和晚红蜜（Saperavi）酿过酒。而且，他也从未听说过北醇，这是20世纪50年代在中国培育的一种杂交葡萄品种。但洛里斯并没有气馁，因为他已经习惯了意大利本土在酿制葡萄酒时选择品种的多样性。"既来之，则安之，我用蒲昌现有的品种酿制葡萄酒。"洛里斯在意大利威尼斯时告诉我："说实话，如果他们让我只用赤霞珠或其他有名的品种来栽培，我会很失望。"

　　说到蒲昌葡萄园里的品种，最让洛里斯激动的还得是北醇。北醇是一种杂交葡萄品种，由野生的中国本土品种山葡萄（*Vitis amurensis* Rpur.）与欧亚葡萄品种麝香葡萄（Muscat）杂交培育而成。中国科学院植物研究所北京植物园培育北醇品种的目的是使欧洲葡萄藤具有抗寒性。

"这款葡萄酒具有真正的独特性。
它有着成熟的蔓越莓和红李子散发着的
甜甜的香料气息，口感柔和，果味饱满，
单宁柔顺，酸度清新。这种香气浓郁度
具有欺骗性——因为这种酒易饮，
但也非常美味。"

葡萄酒大师凯瑟琳·达特（Katherine Dart MW）

培育的结果：北醇不仅具备中国本土葡萄的抗寒性，还富有欧亚葡萄的风味，同时它还有着对葡萄园真菌更强的抵抗力，是有机农业的理想选择。无须在冬天埋藤的北醇，藤蔓生长得更健康，生命周期比每年埋藤的品种更长。

用北醇制作佳酿的第一次尝试并没有成功：葡萄酒的香气和口感太普通，还可以品出许多杂交葡萄的特殊味道。然而洛里斯并没有放弃，他尝试降低葡萄产量，摘除叶子，尽量使葡萄束获得更多阳光照射。第二次酿制的结果与第一次相比堪称天壤之别——洛里斯和蒲昌团队成功酿造了一款优雅的红葡萄酒，它有着成熟水果的香气和非凡的浓郁度，这与葡萄品种天然的高酸度很好地融合，达到一个平衡。高酸度是一种可以让葡萄酒强化陈年潜力的指标。这个从中国本土葡萄品种中遗传下来的优良特质，使得北醇在没有添加亚硫酸盐的情况下，也可在瓶中陈年。

　　而且，尽管缺少亚硫酸盐的参与，北醇酿制的葡萄酒依然能在瓶中保持新鲜度，甚至成为更优质的葡萄酒。洛里斯认为，这种能够抵抗虫害和极端天气的杂交葡萄藤，将为世界各地的有机农业和可持续农业的未来夯实基础。对于投身家族酒庄事业的张建强先生和他的三个女儿克拉拉（Clara）、珍妮（Jenny）和玛丽（Mary）来说，他们用这种"半本土"的中国本地葡萄品种生产世界级别的优质葡萄酒的方式，实现了他们最初的梦想：生产有中国特色的不含亚硫酸盐的有机葡萄酒。

　　对于张氏家族来说，他们的家族酒庄之旅才刚刚开始。展望未来，他们计划遵循"4M"原则进行管理，即"材料、机器、管理人员和思维"。当我问到如何定义"思维"时，张先生提到了他最喜欢的词——尊重。"尊重是我们对'思维'的定义"他补充："尊重我们的土地，尊重在葡萄园里工作的所有人，尊重家庭成员，最后，尊重信任我们的酒庄并用宝贵的身体品尝我们葡萄酒的人。"

以下的中国

顶级餐馆

提供蒲昌葡萄酒

（名单持续更新中，餐厅仅提供蒲昌精选葡萄酒系列）

北京

京兆尹餐厅

米其林三星

上海

乔尔·卢布松美食坊

米其林二星

成都

博舍

五星级酒店

广东深圳

新荣记

香港

四季龙景轩

吐鲁番葡萄节

新疆拥有500多个葡萄品种。吐鲁番葡萄节在每年9月初举行，是当地维吾尔族人民庆祝葡萄丰收的特殊时刻。新疆是中国最大的葡萄产地。1990年，为纪念丝绸之路开创2100周年，吐鲁番首次举办盛大的葡萄节。

火焰山

　　火焰山位于中国西北新疆东部吐鲁番盆地，被称为"炎火之山"，现在是天山山脉的著名景点。人们在山上看到的火红色，是阳光照在山上的岩石和石头自然形成的现象，这些岩石和石头内含大量铁，因反射出的红光看起来像一片火海而得名。

从风土到酒瓶

*葡萄园位于
中国新疆吐鲁番*

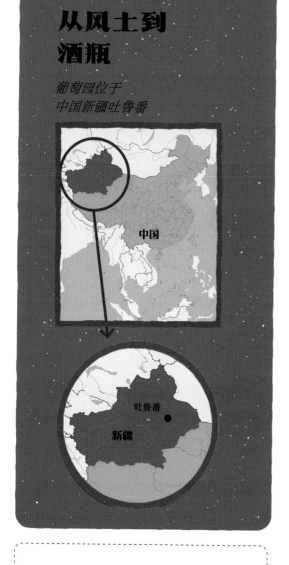

中国

吐鲁番

新疆

法国国际生态认证中心

法国国际生态认证中心（ECOCERT）是一个独立的国际组织，专门从事农产品有机认证。它为全球90多个国家就产品原料、添加成分和加工环境提供独立、严格的审核、检测和认证。

单一品种

100%
北醇

BEICHUN
北町
2015

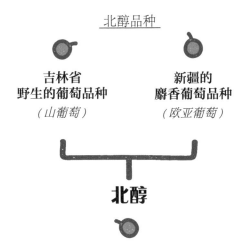

北醇品种

吉林省
野生的葡萄品种
（山葡萄）

新疆的
麝香葡萄品种
（欧亚葡萄）

北醇

（1954年由原北京植物园培育而成）

北醇是野生、

耐寒的中国吉林省山葡萄（*Vitis amurensis* Rupr.）与新疆麝香葡萄（Muscat）的杂交品种，麝香葡萄是一种欧亚葡萄品种（*Vitis vinifera*）。

1954年由中国科学院植物研究所

北京植物园培育而成。

它有抗霜冻、抗干旱、抗真菌的能力。

{ *当蒲昌葡萄园于2008年被收购时，北醇品种已有25年种植历史。* }

年降雨量：
16～20毫米

种植方法：
有机种植于
小型搭架上

冲积土、戈壁砾石、
沙土、粉沙

管理方法：
手工

坎儿井灌溉系统

这是一套有2000多年历史的直井系统，利用自然重力从天山收集冰川水，将沙漠变成肥沃的绿洲。

母井

竖井

渠道施工维护及清洁

暗渠

页岩

蓄水层

★ 劳拉·卡帝娜 ★

劳拉·卡帝娜（Laura Catena）博士曾被《奥普拉》杂志评为"全球顶尖女性酿酒师"。她的成就也被纽约《时代》《华尔街日报》《美食美酒》《醇鉴》杂志和阿根廷《民族报》等广泛报道。《经济学人》在一篇关于卡帝娜葡萄酒学院的报道中更称其为阿根廷葡萄酒第一团队。

她被称为阿根廷葡萄酒的名片

美国哈佛和斯坦福毕业生，学习生物学和医学

阿根廷卡帝娜葡萄酒学院的创始人

阿根廷葡萄酒典籍指南 Vino Argention 作者

劳拉·卡帝娜博士目前是卡帝娜酒庄的总经理，同时也成立了自己的 Luca 酒庄

★李德美★

李德美先生被中国酒业协会评为"中国酒业30年功勋人物"，对中国葡萄酒的发展和品质提升作出了有目共睹的贡献。同时李德美先生还是北京农学院的教授，备受尊敬的专栏作家，在中国葡萄酒消费者喜好的研究领域颇有建树。

参与酿造宝玛酒庄
2001 年份

参与《牛津葡萄酒词典》
（第四版）词条编写

《醇鉴》亚洲葡萄酒
大奖赛副主席，包括
《醇鉴中国》等各大
葡萄酒期刊撰稿人

法国昂热农学院
客座教师

世界葡萄酒商业十佳人物奖
2012【Wine Intelligent】

世界 10 大最有影响力葡萄
酒顾问 2013【The Drinks
Business】
Vinital 年度人物国际大奖
2019

中国年度人物
2012《RVF 葡萄酒评论》

法国农业成就骑士
勋章获得者

中国农学会葡萄分会
副理事长

北京农学院葡萄酒学
教授

图书在版编目（CIP）数据

百酿成金：全球15家经典酒庄的品牌故事 /
（阿根廷）劳拉·卡帝娜（Laura Catena），李德美著
. —北京：中国轻工业出版社，2023.12

ISBN 978-7-5184-4260-7

Ⅰ.①百…　Ⅱ.①劳…②李…　Ⅲ.①葡萄酒—酒文
化—世界—通俗读物　Ⅳ.①TS971.22-49

中国国家版本馆CIP数据核字（2023）第130233号

版权声明：

Gold in the Vineyards

Copyright ©2018,Catapulta Children Entertainment S.A.

©2018,Laura Catena

All rights reserved.

审图号：GS（2023）1817号

责任编辑：贺　娜

策划编辑：江　娟　　　责任终审：高惠京　　封面设计：奇文云海

版式设计：锋尚设计　　责任校对：晋　洁　　责任监印：张　可

出版发行：中国轻工业出版社（北京鲁谷东街5号，邮编：100040）

印　　刷：鸿博昊天科技有限公司

经　　销：各地新华书店

版　　次：2023年12月第1版第1次印刷

开　　本：710×1000　1/16　印张：14

字　　数：220千字

书　　号：ISBN 978-7-5184-4260-7　定价：128.00元

邮购电话：010-85119873

发行电话：010-85119832　010-85119912

网　　址：http://www.chlip.com.cn

Email：club@chlip.com.cn

如发现图书残缺请与我社邮购联系调换

220467K1X101ZYW